高等学校电子信息类专业平台课系列教材

U0454255

射频电路

主　编　陈章友　饶云华
副主编　黄麟舒　林　海

WUHAN UNIVERSITY PRESS
武汉大学出版社

图书在版编目（CIP）数据

射频电路／陈章友,饶云华主编. -- 武汉 ：武汉大学出版社, 2025.6.
高等学校电子信息类专业平台课系列教材. -- ISBN 978-7-307-25001-7

Ⅰ. TN710

中国国家版本馆 CIP 数据核字第 2025XN6826 号

责任编辑:史永霞　　　　责任校对:鄢春梅

出版发行：**武汉大学出版社**　　（430072　武昌　珞珈山）

（电子邮箱：cbs22@whu.edu.cn　网址：www.wdp.com.cn）

印刷:武汉图物印刷有限公司

开本:787×1092　　1/16　　印张:11.25　　字数:286 千字　　插页:1

版次:2025 年 6 月第 1 版　　2025 年 6 月第 1 次印刷

ISBN 978-7-307-25001-7　　定价:45.00 元

版权所有，不得翻印；凡购我社的图书，如有质量问题，请与当地图书销售部门联系调换。

前　言

　　射频电路是研究高频信号条件下电路设计理论与方法的专业课程。当信号频率升高至其波长与元器件及互连尺寸相当的量级时,传统集总参数电路设计方法将不再适用。在实际工程中,射频电路设计主要采用两种方法:一种是基于传输线理论的设计方法,该方法考虑信号传输的波动效应,并结合微波网络理论建立器件模型,实现射频电路设计;另一种是基于集成电路的设计方法,该方法考虑缩小器件尺寸至远小于波长尺寸,电路分析依然可用集总参数方法,但匹配和散射参数的概念得到广泛使用。

　　本书重点阐述基于传输线理论的射频电路设计方法。鉴于该理论体系兼具理论深度与工程实用价值,本书内容不仅涵盖各功能模块的理论分析与设计方法,还系统介绍了射频电路系统设计的相关知识。

　　在本书编写过程中,武汉大学的同学们积极参与并提出宝贵建议,对书稿的完善作出了重要贡献,特别感谢高帆、秦清晨、易建新、厉杰、邵羽、杨山山、唐风雨、肖俊峰、罗义宁、袁祎平和谢璐等同学。本书的出版得到了武汉大学的鼎力支持,在此一并表示衷心感谢!

　　由于作者水平有限,书中难免存在疏漏与不足之处,恳请各位专家、读者不吝指正。

编者

2025 年 3 月

目　　录

第1章 传输线理论

1.1 传输线理论

传统电路理论是基于集总参数假设的,即在所考虑的电路尺寸范围内,可以忽略信号在空间传播过程中产生的幅度及相位变化,信号幅度及相位的变化仅由集总元件特性决定,而与空间无关。这一假设成立的前提条件是电路尺寸 l 远小于信号的波长 λ。工程上把 $l/\lambda \ll 1$ 的系统称为短线系统。

当信号频率升高至一定值时,若 $l/\lambda \ll 1$ 的条件不成立,信号沿理想传输线传输时,其幅度和相位会变化,传输线效应不能忽略,此时的系统称为长线系统。

短线系统与长线系统示意图如图 1.1 所示。

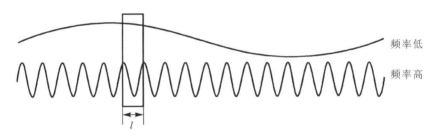

频率低

频率高

l

图 1.1 短线系统与长线系统示意图

1.1.1 传输线方程及其解

频率足够高时,尽管传输线是理想导体,但电压、电流的变化要求将传输线视为具有分布参数的器件。用 R_1、L_1、C_1 及 G_1 分别表示传输线单位长度的分布电阻、分布电感、分布电容和分布电导。长度为 Δz 的传输线的分布参数等效电路图如图 1.2 所示。

由传输线分布参数等效电路,对于传输线 Z 处的小线元 Δz,设其两端的电压、电流分别为 $v(z,t)$、$i(z,t)$、$v(z+\Delta z,t)$、$i(z+\Delta z,t)$,根据克希霍夫定律,可得

$$v(z+\Delta z,t)-v(z,t)=\Delta v(z,t)=R_1\Delta z \cdot i(z,t)+L_1\Delta z\frac{\partial i(z,t)}{\partial t}$$

$$i(z+\Delta z,t)-i(z,t)=\Delta i(z,t)=G_1\Delta z \cdot v(z,t)+C_1\Delta z\frac{\partial v(z,t)}{\partial t}$$

两边同时除以 Δz,并令 Δz 趋近于零,则有

$$\frac{\partial v(z,t)}{\partial z} = R_1 \cdot i(z,t) + L_1 \frac{\partial i(z,t)}{\partial t} \tag{1.1a}$$

$$\frac{\partial i(z,t)}{\partial z} = G_1 \cdot v(z,t) + C_1 \frac{\partial v(z,t)}{\partial t} \tag{1.1b}$$

以上两个方程即为传输线方程，或称电报方程。由此方程可以得到信号沿传输线传输时的传输特性。

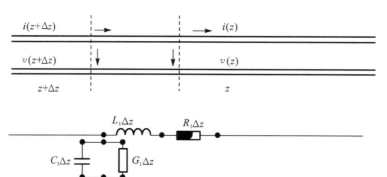

图 1.2　传输线分布参数等效电路

若时间因子为 $e^{j\omega t}$，则得其通解为

$$v(z,t) = A_1 e^{j\omega t + \gamma z} + A_2 e^{j\omega t - \gamma z} \tag{1.2a}$$

$$i(z,t) = (A_1 e^{j\omega t + \gamma z} - A_2 e^{j\omega t - \gamma z})/Z_c \tag{1.2b}$$

式中：A_1，A_2 为待定常数；$\gamma = \sqrt{(R_1 + j\omega L_1)(G_1 + j\omega C_1)} = \alpha + j\beta$，为传播常数；$Z_c = \sqrt{\dfrac{R_1 + j\omega L_1}{G_1 + j\omega C_1}}$，称为传输线的特性阻抗。

该通解表明，传输线上任意一点的电压和电流均由两个以相反方向传输的行波组成：一个是由信号源向负载端传输的入射波，其电压和电流分别是 $v_+(z,t) = A_1 e^{j\omega t + \gamma z}$，$i_+(z,t) = A_1 e^{j\omega t + \gamma z}/Z_c$；另一个是由负载端向信号源传输的反射波，其电压和电流分别是 $v_-(z,t) = A_2 e^{j\omega t - \gamma z}$，$i_-(z,t) = -A_2 e^{j\omega t - \gamma z}/Z_c$。一般情况下，常使用略去时间因子 $e^{j\omega t}$ 的表达式，即

$$V(z) = A_1 e^{\gamma z} + A_2 e^{-\gamma z} = V_+(z) + V_-(z) \tag{1.3a}$$

$$I(z) = (A_1 e^{\gamma z} - A_2 e^{-\gamma z})/Z_c = I_+(z) + I_-(z) \tag{1.3b}$$

注意：在式（1.3b）中，$I_-(z) = -V_-(z)/Z_c$。

传输线方程通解表达式 $V(z) = A_1 e^{\gamma z} + A_2 e^{-\gamma z}$ 中待定常数 A_1，A_2 可由边界条件来确定。常用的边界条件有三种：①已知终端电压 V_L、电流 I_L；②已知始端电压 V_0、电流 I_0；③已知电源电动势 E_g、内阻 Z_g 与负载阻抗 Z_L。边界条件坐标示意图如图 1.3 所示。

若已知终端（$z=0$）电压、电流分别为 V_L、I_L，将 $z=0$ 时的 $V(0) = V_L$，$I(0) = I_L$ 代入通解表达式，得

$$V_L = A_1 + A_2, \quad I_L = (A_1 - A_2)/Z_c$$

故 A_1，A_2 为

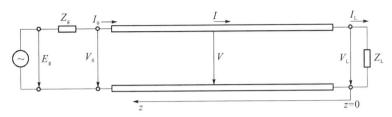

图 1.3 边界条件坐标示意图

$$A_1 = \frac{1}{2}(V_L + I_L Z_c), \quad A_2 = \frac{1}{2}(V_L - I_L Z_c)$$

将 A_1、A_2 代入式(1.3a)和式(1.3b)中,有

$$V(z) = \frac{1}{2}(V_L + I_L Z_c)e^{\gamma z} + \frac{1}{2}(V_L - I_L Z_c)e^{-\gamma z}$$

$$I(z) = \frac{1}{Z_c}\left[\frac{1}{2}(V_L + I_L Z_c)e^{\gamma z} - \frac{1}{2}(V_L - I_L Z_c)e^{-\gamma z}\right]$$

对于无耗传输线,可得已知终端电压、电流时传输线上的电压、电流为

$$V(z) = V_L\cos\beta z + jZ_c I_L\sin\beta z \tag{1.4a}$$

$$I(z) = I_L\cos\beta z + jV_L/Z_c\sin\beta z \tag{1.4b}$$

1.1.2 反射系数

由传输线方程通解可知,传输线上所传播的波是入射波和反射波叠加而成的合成波。一般情况下,不希望出现反射波。在工程应用中,用反射系数 Γ 表示反射情况。

传输线上任意一点的反射波电压与这一点的入射波电压之比为该点的电压反射系数,用 $\Gamma(z)$ 表示,即

$$\Gamma(z) = \frac{V_-(z)}{V_+(z)} \tag{1.5a}$$

由通解可知,无耗传输线上任意一点的入射波电压和反射波电压的表达式为

$$V_+(z) = A_1 e^{j\beta z}$$

$$V_-(z) = A_2 e^{-j\beta z}$$

所以

$$\Gamma(z) = \frac{A_2 e^{-j\beta z}}{A_1 e^{j\beta z}} = \frac{|A_2|}{|A_1|}e^{j(\varphi_2 - \varphi_1 - 2\beta z)} = |\Gamma|e^{j(\theta_0 - 2\beta z)} \tag{1.5b}$$

从式(1.5b)可以看到,反射系数模值 $|\Gamma|$ 与位置无关,相位与位置的关系为 $\theta = \theta_0 - 2\beta z$,$|\Gamma|$ 和 θ_0 由边界条件决定。负载处反射系数常用 Γ_L 表示,$\Gamma_L = \Gamma(0) = (|A_2|/|A_1|)e^{j\theta_0}$,故可以得到无耗传输线上任意一点 $\Gamma(z)$ 与负载处 Γ_L 的关系为

$$\Gamma(z) = \Gamma_L e^{-j2\beta z} \tag{1.6}$$

一般反射系数模值 $|\Gamma|$ 的取值范围为 $[0, 1]$。当 $|\Gamma| = 0$ 时,传输线上不存在反射波,只有向负载传输的入射波,负载将入射波能量全部吸收,此时称传输线处于行波状态;当

$|\varGamma|=1$ 时,负载将入射波全部反射回去,反射波幅度与入射波幅度相等,此时传输线上没有能量传输,处于纯驻波状态;当 $0<|\varGamma|<1$ 时,负载将入射波能量吸收一部分,同时反射一部分,此时称传输线处于行驻波状态或混波状态。

由反射系数可以计算传输线上的传输功率。假定传输线无耗,通过传输线上任意点的平均功率是相同的,故可由传输线上任意一点的电压、电流来计算功率,即

$$P=\frac{1}{2}[V(z)\cdot I^*(z)]=\frac{1}{2}|V(z)|\cdot|I(z)|\cos\varphi \tag{1.7}$$

式中,φ 为 z 处电压与电流间的相位差。在波腹和波节处电压与电流均为实数,用波腹和波节处的电压、电流来计算最简便,即

$$P=\frac{1}{2}|V|_{\max}\cdot|I|_{\min}=\frac{1}{2}|V|_{\min}\cdot|I|_{\max} \tag{1.8}$$

当负载阻抗不等于传输线特性阻抗时,负载端会产生反射,负载吸收一部分能量,将另一部分能量反射回去,吸收功率为

$$\begin{aligned}P_L&=\frac{1}{2}|V|_{\max}\cdot|I|_{\min}=\frac{1}{2}|V_+|(1+|\varGamma|)\cdot|I_+|(1-|\varGamma|)\\&=\frac{1}{2}|V_+||I_+|(1-|\varGamma|^2)=\frac{1}{2}|V_+||I_+|-\frac{1}{2}|V_-||I_-|\\&=P_+(1-|\varGamma|^2)=P_+-P_-\end{aligned} \tag{1.9}$$

式中:P_+ 为入射波功率;P_- 为反射波功率。负载吸收的功率为两者之差。

反射系数描述反射波与入射波之比,实际中反射波分量及入射波分量很难分别测量出来,但传输线上由反射波与入射波叠加而成的合成波的最大值与最小值可以直接测量出来。定义驻波系数 ρ(也称驻波比)为传输线上电压最大值与电压最小值之比,也就是电流最大值与电流最小值之比,即

$$\rho=\frac{|V_{\max}|}{|V_{\min}|}=\frac{|I_{\max}|}{|I_{\min}|} \tag{1.10}$$

其与反射系数模值的关系为

$$\rho=\frac{|V_{\max}|}{|V_{\min}|}=\frac{|V_+|+|V_-|}{|V_+|-|V_-|}=\frac{1+|V_-|/|V_+|}{1-|V_-|/|V_+|}=\frac{1+|\varGamma|}{1-|\varGamma|} \tag{1.11}$$

可见,驻波系数与反射系数模值具有一一对应的关系,驻波系数的取值范围为 $[1,\infty]$。

由式(1.11)可得用驻波系数表示反射系数模值的公式为

$$|\varGamma|=\frac{\rho-1}{\rho+1} \tag{1.12}$$

工程中也经常使用行波系数 k,它和驻波系数互为倒数,即

$$k=1/\rho \tag{1.13}$$

工程中由测量得到驻波系数,由驻波系数再得到反射系数等参数。驻波系数、反射系数及吸收功率是工程中常用的三个参数。表 1.1 给出了典型驻波系数与反射系数模值、反射能量、反射损耗及吸收能量的对应值。

表 1.1 典型驻波系数与反射系数模值、反射能量、反射损耗及吸收能量对应表

驻波系数 ρ	反射系数模值 $\vert\Gamma\vert$	反射能量/(%)	反射损耗/dB	吸收能量/(%)
1.0	0.000	0.000	∞	100.0
1.1	0.048	0.227	26.45	99.27
1.2	0.091	0.826	20.83	99.17
1.22	0.100	1.000	20.00	99.00
1.3	0.130	1.700	17.70	98.30
1.4	0.167	2.779	15.56	97.22
1.5	0.200	4.000	13.98	96.00
1.92	0.310	10	10.00	90
2.0	0.333	11.11	9.54	88.89
2.62	0.447	20.00	6.99	80.00
5.83	0.707	50.00	3.01	50.00
∞	1	100.0	0	0

1.1.3 输入阻抗 Z_{in}

传输线上任意一点的总电压 $V(z)$ 与总电流 $I(z)$ 之比为该点的输入阻抗 $Z_{in}(z)$,即

$$Z_{in}(z) = V(z)/I(z) \tag{1.14}$$

其倒数为输入导纳 $Y_{in}(z)$,即

$$Y_{in}(z) = 1/Z_{in}(z) \tag{1.15}$$

输入阻抗 $Z_{in}(z)$ 与反射系数 $\Gamma(z)$ 的关系为

$$Z_{in}(z) = \frac{V(z)}{I(z)} = \frac{V_+ + V_-}{I_+ + I_-} = \frac{V_+ + V_-}{\dfrac{1}{Z_c}(V_+ - V_-)} = Z_c \frac{1+\Gamma(z)}{1-\Gamma(z)} = \frac{1}{Y_{in}(z)} \tag{1.16}$$

若用输入阻抗 $Z_{in}(z)$ 表示反射系数 $\Gamma(z)$,由式(1.16)可得

$$\Gamma(z) = \frac{Z_{in}(z) - Z_c}{Z_{in}(z) + Z_c} = \frac{Y_c - Y_{in}(z)}{Y_c + Y_{in}(z)} \tag{1.17}$$

由式(1.17)可得到负载处反射系数 Γ_L 与负载阻抗 Z_L 的关系,即

$$\Gamma_L = \Gamma(0) = \frac{Z_{in}(0) - Z_c}{Z_{in}(0) + Z_c} = \frac{Z_L - Z_c}{Z_L + Z_c} \tag{1.18}$$

由式(1.18)可得到传输线处于行波状态和纯驻波状态时负载的取值情况:令 $\vert\Gamma\vert = 0$,得到 $Z_L = Z_c$,即负载等于传输线的特性阻抗时,传输线处于行波状态;令 $\vert\Gamma\vert = 1$,得到 $Z_L = 0, \infty, \pm jx$,即负载为短路、开路或纯电抗时,传输线处于纯驻波状态。由式(1.14)

及式(1.4)可得到任意点输入阻抗 $Z_{in}(z)$ 与负载阻抗 Z_L 间的关系,即

$$Z_{in}(z) = \frac{V(z)}{I(z)} = Z_c \frac{Z_L + jZ_c \tan\beta z}{Z_c + jZ_L \tan\beta z} \tag{1.19}$$

终端负载短路和开路是实际工程中常见的两种情形。当负载阻抗 Z_L 取值为零,即终端负载短路时,由式(1.19)可以得到传输线上任一点的输入阻抗为

$$Z_{in} = jZ_c \tan\beta z$$

当负载阻抗 Z_L 取值为无穷大,即终端负载开路时,其输入阻抗为

$$Z_{in} = -jZ_c \cot\beta z$$

可以看到,小于 $\lambda/4$ 的一截短路传输线相当于一个感性负载,小于 $\lambda/4$ 的一截开路传输线相当于一个容性负载。

从式(1.19)能得到传输线上输入阻抗分布的一些特点。

(1)在距终端为 $\lambda/2$ 整数倍的各处,其输入阻抗等于负载阻抗,即当 $Z = n \cdot \lambda/2$ 时,有

$$Z_{in} = Z_L$$

(2)在距终端为 $\lambda/4$ 奇数倍的各处,其输入阻抗等于特性阻抗的平方除以负载阻抗,即当 $Z = (2n+1) \cdot \lambda/4$ 时,有

$$Z_{in} = Z_c^2 / Z_L$$

实际上,传输线上相隔 $\lambda/2$ 的两个参考面,其输入阻抗相等;而相隔 $\lambda/4$ 的两个参考面,其输入阻抗的乘积等于特性阻抗的平方。这就是传输线输入阻抗的两个重要特性: $\lambda/2$ 重复性和 $\lambda/4$ 变换性。

(3)一般来讲,线上各参考面的输入阻抗为复数,但在电压波腹和电压波节这两类参考面上输入阻抗为实数,且分别为输入阻抗的最大值和最小值,其值为

$$Z_{max} = \rho Z_c$$

$$Z_{min} = k Z_c$$

假定负载是实数,其值大于特性阻抗时,负载所在点为电压波腹;其值小于特性阻抗时,负载所在点为电压波节。

1.2 阻抗圆图

在工程中,传输线上同一位置不同参量之间及不同位置参量之间的计算非常频繁。虽然上述公式可以求出结果,但过程相当烦琐。为适应工程计算的需要,1939 年 Philip H. Smith 发明了阻抗圆图(又称 Smith 圆图)。

阻抗圆图由反射系数复平面上的一系列圆及圆弧构成,这些圆及圆弧表示了阻抗、导纳、驻波比等参数的值,从而可以在反射系数单位圆内方便、直观地进行各参数之间的转换。由于其实用性,阻抗圆图在射频与微波工程中应用非常广泛,堪称射频工程师的"图形计算器"。

1.2.1 阻抗圆图的构成

传输线上任一参考面的输入阻抗与该处的反射系数有一一对应的关系,即

$$Z_{in} = Z_c \frac{1+\Gamma}{1-\Gamma}$$

等式的两边同时除以 Z_c 就得到归一化输入阻抗和反射系数的关系为

$$\frac{Z_{in}}{Z_c} = \frac{1+\Gamma}{1-\Gamma} = \overline{R} + j\overline{X} \tag{1.20}$$

式中: $\overline{R}$ 代表归一化电阻; $\overline{X}$ 代表归一化电抗。由前面可知,反射系数为复数,可记为

$$\Gamma = |\Gamma| e^{j\theta} = \Gamma^R + j\Gamma^I \tag{1.21}$$

将式(1.21)代入式(1.20),得

$$\frac{Z_{in}}{Z_c} = \overline{R} + j\overline{X} = \frac{1+(\Gamma^R + j\Gamma^I)}{1-(\Gamma^R + j\Gamma^I)}$$

对上式的分式部分首先进行分母有理化,然后将实数部分和虚数部分分开,并令等式两边实部、虚部分别相等,得

$$\overline{R} = \frac{1-(\Gamma^R)^2-(\Gamma^I)^2}{(1-\Gamma^R)^2+(\Gamma^I)^2} \tag{1.22a}$$

$$\overline{X} = \frac{2\Gamma^I}{(1-\Gamma^R)^2+(\Gamma^I)^2} \tag{1.22b}$$

从式(1.22)可以看出,对于反射系数 $\Gamma^R + j\Gamma^I$ 复平面上的任一点,其归一化电阻及归一化电抗都是确定的。从式(1.22)出发,可以在复平面上画出 $\overline{R}$ 和 $\overline{X}$ 为常数的轨迹线,分别称为等 $\overline{R}$ 线、等 $\overline{X}$ 线。下面分别进行讨论。

1. 等 $\overline{R}$ 线

在式(1.22a)两边同时加 1,得

$$\overline{R} + 1 = \frac{1-(\Gamma^R)^2-(\Gamma^I)^2}{(1-\Gamma^R)^2+(\Gamma^I)^2} + 1$$

按 Γ^R 的幂序排列,有

$$(\Gamma^R)^2 - \frac{2\overline{R}\Gamma^R}{\overline{R}+1} + (\Gamma^I)^2 = -\frac{\overline{R}-1}{\overline{R}+1}$$

等式两边同时加上 $\left(\dfrac{\overline{R}}{\overline{R}+1}\right)^2$ 并配方,得

$$\left(\Gamma^R - \frac{\overline{R}}{\overline{R}+1}\right)^2 + (\Gamma^I)^2 = \left(\frac{1}{\overline{R}+1}\right)^2 \tag{1.23}$$

此式表示:在 $\Gamma^R + j\Gamma^I$ 复平面上以 $\overline{R}$ 为参变量的圆簇,圆心在 $\left(\dfrac{\overline{R}}{\overline{R}+1}, 0\right)$ 点,半径为 $\dfrac{1}{\overline{R}+1}$。 $\overline{R}$ 的不同取值,在复平面上对应着不同的圆,如图 1.4 所示。

等 $\overline{R}$ 线的作用是在反射系数 Γ 复平面上建立关于归一化电阻值的曲线坐标系,有了这些绘制于反射系数 Γ 复平面上的曲线簇,复平面上任一点的电阻值都可读出。

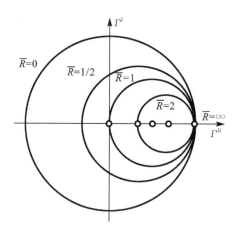

图 1.4 Γ 复平面上的等电阻圆

2. 等 $\overline{X}$ 线

由式(1.22b)可得

$$(\Gamma^{\mathrm{R}}-1)^2+\left(\Gamma^{\mathrm{I}}-\frac{1}{\overline{X}}\right)^2=\frac{1}{\overline{X}^2} \tag{1.24}$$

这是在 $\Gamma^{\mathrm{R}}+\mathrm{j}\Gamma^{\mathrm{I}}$ 复平面上以 $\overline{X}$ 为参变量的圆簇方程，圆心为 $\left(1,\dfrac{1}{\overline{X}}\right)$，半径为 $\left|\dfrac{1}{\overline{X}}\right|$。给定一个 $\overline{X}$ 值就可得到一个圆，$\overline{X}$ 值可正可负，正代表感抗，负代表容抗，如图1.5所示。

等 $\overline{R}$ 线、等 $\overline{X}$ 线叠加在一起，就得到最基本的阻抗圆图，如图1.6所示。在阻抗圆图上，既可读出任意点的反射系数，又可读出归一化阻抗，反射系数与输入阻抗的关系变得非常简单。

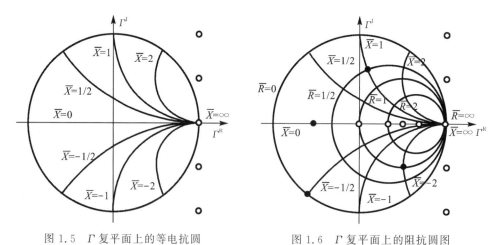

图 1.5 Γ 复平面上的等电抗圆   图 1.6 Γ 复平面上的阻抗圆图

实际上，从变换的角度同样可以得到阻抗圆图。假定特性阻抗为 50Ω，在图1.7(a)所示的阻抗复平面上可以画出反射系数模值分别为 $1/3$、$3/5$ 的等反射系数圆。当用式(1.17)将阻抗复平面变换至反射系数复平面时,各等反射系数圆会是同心圆,如图 1.7(b)所示;此时图 1.7(a)中阻抗平面的电阻直线和电抗直线就变成图 1.7(b)所示的反射系数复平面上的等 $\overline{R}$ 圆和等 $\overline{X}$ 圆。

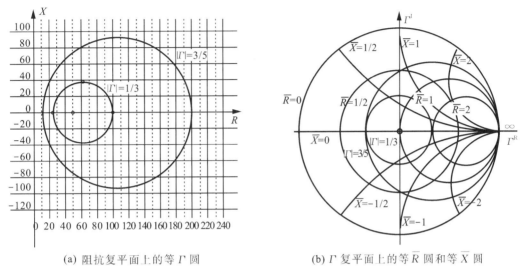

(a) 阻抗复平面上的等 Γ 圆　　　　　　(b) Γ 复平面上的等 $\overline{R}$ 圆和等 $\overline{X}$ 圆

图 1.7　从变换角度得到的阻抗圆图

3. 导纳圆图

在实际工程中,除计算阻抗外,还常需计算导纳。例如,在阻抗匹配设计时,常需在传输线中并联器件,这时使用导纳参量比使用阻抗参量更方便。导纳与反射系数间的关系为

$$\frac{Y_{\text{in}}}{Y_{\text{c}}} = \frac{1-\Gamma}{1+\Gamma} = \frac{1-(\Gamma^{\text{R}}+\text{j}\Gamma^{\text{I}})}{1+(\Gamma^{\text{R}}+\text{j}\Gamma^{\text{I}})} = \overline{G} + \text{j}\overline{B} \tag{1.25}$$

用得到阻抗圆图的方法同样可以绘出图 1.8 所示的导纳圆图。

在阻抗圆图中,导纳圆图的归一化等电导圆和归一化等电纳弧线与阻抗圆图的等电阻圆和等电抗弧线具有相同的几何形状,只不过导纳圆图相当于将阻抗圆图在反射系数 Γ 复平面上旋转了 180°。因此,同一张圆图既可以当作阻抗圆图使用,又可以通过旋转映射作为导纳圆图使用。

在现代工程应用中,常将导纳圆图和阻抗圆图同时绘制在反射系数 Γ 复平面上,其中导纳圆图部分用虚线绘制,如图 1.9 所示。这样只要得到传输线上某一参考面在圆图上的对应点,阻抗、导纳、反射系数等参数就可以全部读出,使用起来十分方便。

4. 等 $|\Gamma|$ 线、等 ρ 线、等 k 线

在 $\Gamma^{\text{R}}+\text{j}\Gamma^{\text{I}}$ 复平面上以(0,0)为圆心的一系列同心圆簇就是等 $|\Gamma|$ 线。等 $|\Gamma|$ 线同时也是等 ρ 线、等 k 线,因为 $\rho = (1+|\Gamma|)/(1-|\Gamma|)$,$k = (1-|\Gamma|)/(1+|\Gamma|)$,所以 ρ、k 与 $|\Gamma|$ 是一一对应的单值关系。为了图形的清晰,一般不在圆图上画出等 $|\Gamma|$ 线、等 ρ 线、等 k 线。圆图上某点的 $|\Gamma|$、ρ 及 k 值由下面方式读取:

①$|\Gamma|$的大小由该圆与最大圆的半径的比值确定;

②驻波系数 ρ 的读数由等 ρ 圆与 Γ 实轴正半轴交点所在等电阻圆的电阻值确定;

③行波系数 k 的读数由等 k 圆与 Γ 实轴负半轴交点所在等电阻圆的电阻值确定。

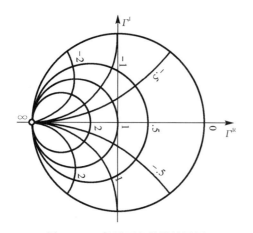
图 1.8　Γ 复平面上的导纳圆图

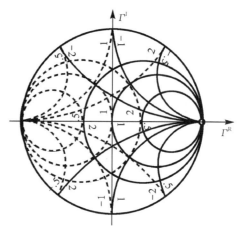
图 1.9　Γ 复平面上的阻抗圆图与导纳圆图

5.等 θ 线和电长度标尺

在阻抗圆图中,θ 表示反射系数 Γ 的相位角,等 θ 线就是通过圆图原点的径向直线簇。$\theta=0$ 在 Γ 正半轴上,逆时针方向为相位角增加的方向,顺时针方向为相位角减小的方向。θ 的数值通常由圆图外圈的刻度读取,但实际上外圈标注的往往是归一化电长度值,而非直接标注相位角,如图 1.10 所示。其原因是传输线上位置的变化会导致 θ 的变化,若圆图外圈标注电长度值,则可直接根据传输线的位置变化确定圆图上 Γ 的轨迹移动,而不用另外计算相位差 $\Delta\theta$。

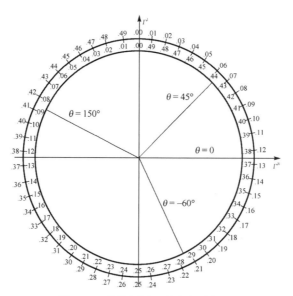
图 1.10　阻抗圆图上的电长度标尺

由反射系数 Γ 的相位值与位置关系表达式

$$\theta = \theta_0 - 2\beta z$$

可以得到 θ 变化与位置变化间的关系为

$$\Delta\theta = 2\beta\Delta z = 4\pi(\Delta z / \lambda) \tag{1.26}$$

所以,在阻抗圆图中,电长度值变化 0.5 对应反射系数 Γ 在圆图上旋转一周(相位变化 2π 弧度)。电长度标尺的零点通常设定在短路点,但这种设定不影响实际使用,因为在圆图分析中起作用的始终是电长度的相对变化值,而非绝对位置。

1.2.2　圆图的转向

使用圆图可以很方便地完成传输线上某参考面处诸参数间的转换。在实际工程中,往往需要由传输线某参考面处的参数去求解另一参考面处的参数,这时可以使用阻抗圆图进行求解,但需要提前知道圆图的转向。

对于无耗传输线,任意参考面处的反射系数的模值 $|\Gamma|$ 是相等的,传输线上位置的移动在圆图上表现为沿等 $|\Gamma|$ 圆移动,如图 1.11 所示。

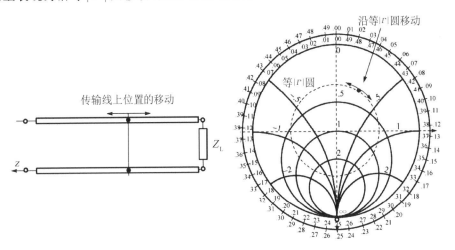

图 1.11　沿等 $|\Gamma|$ 圆移动对应传输线上位置移动示意图

由已知参考面的参数去求解另一参考面的参数时,要解决两个问题:①沿等 $|\Gamma|$ 圆顺时针转动还是逆时针转动;②转多少电长度。

先看转动方向,参考图 1.12,若 $z_2 > z_1$,即向源方向移动,则 z_1 参考面对应点应沿等 $|\Gamma|$ 圆顺时针转动。其原因是当从 z_1 向源方向移动至 z_2 时,反射系数 Γ 的相位角 θ 是减小的,在等 $|\Gamma|$ 圆上对应顺时针转动。若 $z_2 < z_1$,即向负载方向移动,z_1 参考面对应点应沿等 $|\Gamma|$ 圆逆时针转动,因为此时反射系数相位角增大。一般应在圆图上标出参考面向源或向负载方向移动时的转动方向。

由已知参考面 z_1 的参数去求解另一参考面 z_2 的参数时,还需知道转多少电长度才能确定另一点在等 $|\Gamma|$ 圆上的位置。此时只需求出两者间距 Δz(即 $|z_1 - z_2|$)的电长度值 $\Delta z/\lambda$,沿等 $|\Gamma|$ 圆转过此电长度值得到的点就是参考面 z_2 在圆图上对应的点。图 1.13 示意了参考面 z_2 在更靠近源位置时的转向及转过的电长度值。

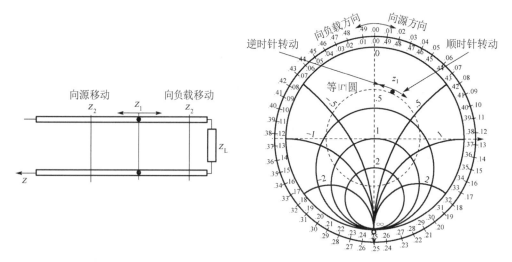

图 1.12　圆图转向示意图

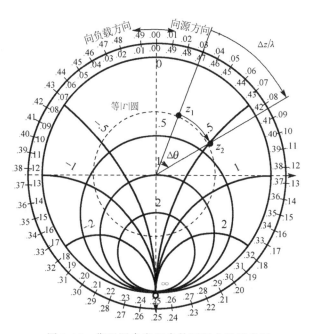

图 1.13　靠近源参考面参数圆图求解示意图

1.2.3　圆图应用举例

圆图基本上可以解决所有传输线理论的计算问题,后面讲到的有源电路设计也是在圆图上完成的。在实际工程中,常碰到两种情况:一种是已知负载,求传输线上某参考面的参数;另一种是已知传输线上某参考面的参数,求负载。

例 1.1　在特性阻抗 $Z_c = 50\Omega$ 的无耗传输线终端所接负载阻抗为 $Z_L = 72.5 + j25$,求:
(1)终端反射系数 Γ;

（2）驻波系数 ρ；

（3）第一个电压最小点距终端的距离 $Z_{\min}$（也称驻波相位）。

解 （1）负载阻抗归一化得

$$\overline{Z}_{L} = 1.45 + j0.5$$

在圆图上找到 $\overline{R} = 1.45$，$\overline{X} = 0.5$ 两等值线的交点 A，如图 1.14 所示。以原点到 A 点的距离与大圆半径长度之比为反射系数 Γ 模值，求得 $|\Gamma| = 0.28$；原点与 A 点的连线与 Γ 实轴正半向的夹角即为幅角，求得 $\theta = 36°$。因此，$\Gamma = 0.28e^{j36}$。

（2）驻波系数 ρ 由过 A 点的等 ρ 圆与 Γ 实轴正半轴交点的 $\overline{R}$ 值确定，为 1.78，故 $\rho = 1.78$。

（3）电压驻波最小点为等 $|\Gamma|$ 圆与实轴负半轴的交点 B。由 A 点沿等 $|\Gamma|$ 圆顺时针旋转至 B 点所走过的电长度值即为第一个电压最小点离开终端的电长度 $Z_{\min}/\lambda$。A 点的电长度读数为 0.2，波节点 B 的电长度读数为 0.5，故第一个电压最小点离开终端的距离 $Z_{\min} = (0.5 - 0.2)\lambda = 0.3\lambda$。

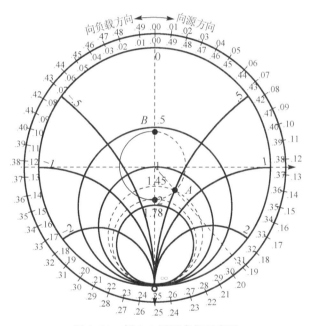

图 1.14　例 1.1 圆图求解示意图

例 1.2 已知一无耗传输线，特性阻抗 $Z_{c} = 50\Omega$，$|V|_{\max} = 50V$，$|V|_{\min} = 25V$，驻波相位 $Z_{\min} = 0.33\lambda$，求负载阻抗 Z_{L}。

解 根据已知电压条件，求得

$$\rho = |V|_{\max} / |V|_{\min} = 2$$

在圆图实轴正半轴上找到 $\rho = 2$ 的点 A，如图 1.15 所示。过 A 点的等 ρ 圆与负半轴交点为波节点 Z。

从电压驻波最小点位置即波节点 Z 出发，沿等 ρ 圆逆时针旋转 0.33 至 B 点。B 点即为负载归一化阻抗 $\overline{Z}_{L}$，求得

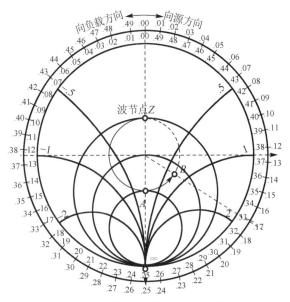

图 1.15　例 1.2 圆图求解示意图

$$\overline{Z}_{\mathrm{L}} = 1.18 + \mathrm{j}0.73$$

故

$$Z_{\mathrm{L}} = 59 + \mathrm{j}36.5$$

1.3　阻抗匹配

在传输线理论中,阻抗匹配是一个至关重要的概念。对于任意微波传输系统,阻抗匹配都能起到提高传输效率、保证功率容量、维持传输线工作稳定性、减小微波测量系统的系统误差以及保证元器件设计质量等重要作用。

阻抗匹配网络是设计射频电路和系统时采用最多的电路单元,放大器、振荡器、混频器等射频电路的设计本质上就是设计合适的阻抗匹配网络。

1.3.1　阻抗匹配概念

阻抗匹配通常包含两种基本情形:一种是实现信号源最大功率输出的共轭匹配;另一种是使传输线工作于行波状态的阻抗匹配,即行波匹配。

共轭匹配是指在传输线的任意参考面上,输入阻抗 Z_{in} 与源阻抗 Z_{S} 满足共轭关系: $Z_{\mathrm{in}} = Z_{\mathrm{S}}^{*}$。当满足这一共轭匹配条件时,信号源可实现最大功率传输。

在图 1.16 所示的电路中,负载吸收功率 P_{L} 可表示为

$$P_{\mathrm{L}} = \frac{1}{2}\mathrm{Re}\left\{V_{\mathrm{L}}\left(\frac{V_{\mathrm{L}}^{*}}{Z_{\mathrm{L}}^{*}}\right)\right\} = \frac{1}{2\mathrm{Re}\{Z_{\mathrm{L}}^{*}\}}\left|\frac{Z_{\mathrm{L}}}{Z_{\mathrm{L}}+Z_{\mathrm{S}}}\right|^{2}|V_{\mathrm{S}}|^{2}$$

若令 $\partial P_{\mathrm{L}}/\partial R_{\mathrm{L}} = 0, \partial P_{\mathrm{L}}/\partial X_{\mathrm{L}} = 0$,得到 $R_{\mathrm{L}} = R_{\mathrm{S}}, X_{\mathrm{L}} = -X_{\mathrm{S}}$,即共轭匹配时,信号源输出功率最大。

如果传输线系统中的某一参考面满足共轭匹配条件,则该系统中的其他参考面也满足共轭匹配条件。

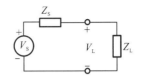

行波匹配指负载将传输线上的入射波功率全部吸收,使得传输线上不产生反射波。此时,负载阻抗应等于传输线特性阻抗 Z_c。当源阻抗为实数时,行波匹配条件同时满足共轭匹配要求。

图 1.16 共轭匹配电路示意图

实现特定阻抗匹配要求,通常需要在传输线适当参考面插入匹配网络。对于行波匹配,匹配网络产生的反射波与负载阻抗引起的反射波在幅度上相等而相位相反,从而相互抵消,使得从参考面向负载方向看过去的阻抗等于传输线特性阻抗。图 1.17(a)在圆图上直观展示了行波匹配时匹配网络的作用机理。共轭匹配时,匹配网络使得从参考面向负载方向看过去的归一化阻抗等于归一化源阻抗的共轭值,负载阻抗在圆图上的参量点从 $\overline{Z}_L$ 处移至 $\overline{Z}_S^*$,如图 1.17(b)所示。

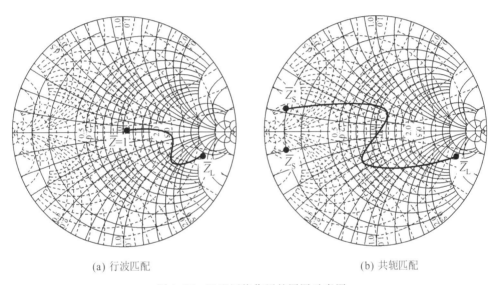

(a) 行波匹配   (b) 共轭匹配

图 1.17 匹配网络作用的圆图示意图

1.3.2 阻抗匹配单元

匹配网络一般由无耗电抗器件构成,其基本实现形式有 6 种:串联电感、串联电容、并联电感、并联电容、串联传输线及并联传输线(工程上常称并联传输线为并联支节)。

匹配电路的设计有下面两种方法。

一是解析法,即根据采用的匹配形式及源与负载的阻抗值,列出数学方程组,求出各匹配器件的参数值。解析法可以得到精确解,但其求解过程复杂,特别是匹配器件数量增加时,计算量显著增大。此外,若匹配形式选择不当,会导致方程组无解。

二是图解法,即以 Smith 圆图作为工具,用图解法确定匹配形式及各匹配器件的参数值。图解法直观,可以清楚地展现各匹配器件对阻抗变换的贡献,相比于解析法,当匹配器件数量增加时,不会显著增加匹配的复杂程度。

在工程实践中,图解法因其直观性而被广泛采用。运用图解法的关键在于深入理解 6 种基本匹配器件对阻抗(导纳)在 Smith 圆图上对应点位置变化的影响规律。首先分析串联电感、串联电容、并联电感及并联电容这 4 种集总参数器件的作用特性,如图 1.18 所示,串联电抗器件导致参量点在圆图上沿等电阻圆移动:串联电感时,如图 1.18 中①所示向电抗增加的方向移动;串联电容时,如图 1.18 中②所示向电抗减小的方向移动。同理,并联电抗器件导致参量点在圆图上沿等电导圆移动:并联电感时,如图 1.18 中③所示向电纳减小的方向移动;并联电容时,如图 1.18 中④所示向电纳增加的方向移动。

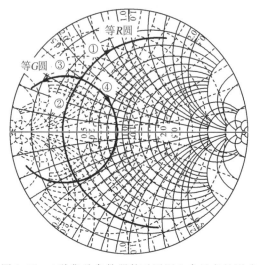

图 1.18　4 种集总参数器件对圆图上参量点的影响

串联传输线和并联支节属于分布参数器件。当串联归一化特性阻抗为 1 时,传输线上的参量点会沿圆图上的等 Γ 圆移动,如图 1.19 所示,一般从负载向源方向进行匹配。

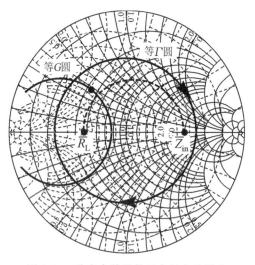

图 1.19　分布参数器件对参量点的影响

并联支节的终端一般采用开路或短路形式。当并联长度小于 $\lambda/4$ 的短路线时,参量点向电纳减小的方向移动;当并联长度小于 $\lambda/4$ 的开路线时,参量点向电纳增加的方向移动。

在匹配设计中,串联 $\lambda/4$ 阻抗变换器也经常被采用,其本质上可视为一段归一化特性阻抗不等于 1 的串联传输线。当需匹配的负载为实数 R_L 时,串联 $\lambda/4$ 阻抗变换器后输入阻抗仍为实数,若其特性阻抗为 Z_c,输入阻抗为

$$Z_{in} = Z_c^2 / R_L \tag{1.27}$$

可见,变化 $\lambda/4$ 阻抗变换器的特性阻抗 Z_c 能实现行波匹配。

串联 $\lambda/4$ 阻抗变换器在圆图上的移动轨迹如图 1.19 中虚线半圆所示。如果 Z_{in} 小于 R_L,则虚线半圆将位于下半平面。掌握这一移动轨迹有助于估计带宽,相关内容将在后面介绍。

1.3.3　匹配设计示例

对于给定的匹配设计需求,通常存在多种可行的匹配方案。下面通过具体示例介绍如何利用 Smith 圆图完成匹配设计任务。

例 1.3　归一化源阻抗为 $0.1 - j0.1$,归一化负载阻抗为 $3 - j3$,设计匹配电路实现它们间的共轭匹配。给定频率 f 为 5GHz,特性阻抗 Z_c 为 50Ω。

解　为实现源至负载的最大功率传输,要求匹配电路的输入阻抗是源阻抗的共轭,即

$$\overline{Z}_{in} = \overline{Z}_S^* = 0.1 + j0.1$$

利用图解法设计匹配网络时,首先在圆图上找到负载阻抗及源共轭阻抗的对应点,如图 1.20 所示。

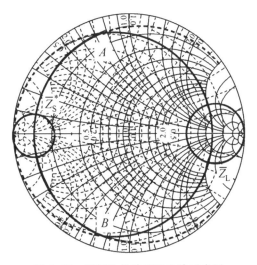

图 1.20　图解法设计匹配电路示意图

下面分两种情形来讨论匹配设计:①仅使用集总参数器件;②除使用集总参数器件外,还使用传输线。

1. 仅使用集总参数器件

仅使用电感、电容等集总参数器件来匹配时,参量点只能在等电阻圆及等电导圆上移动。过 $\overline{Z}_L$ 的等电导圆与过 $\overline{Z}_S$ 的等电阻圆在圆图上交于 A、B 两点,如图 1.20 所示,故存

在两条路径：

$$\overline{Z}_L \rightarrow A \rightarrow \overline{Z}_S^* \, , \quad \overline{Z}_L \rightarrow B \rightarrow \overline{Z}_S^*$$

它们分别对应着两个匹配方案，即并联电感串联电容与并联电容串联电感，如图 1.21 所示。

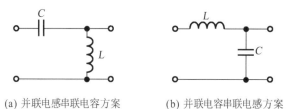

(a) 并联电感串联电容方案   (b) 并联电容串联电感方案

图 1.21 使用集总参数器件的两个可行匹配方案

上述方案中，电感及电容的取值由两点间的电抗差值及电纳差值确定。从图 1.20 可见，经过 $\overline{Z}_L$ 的等电阻圆与经过 $\overline{Z}_S^*$ 的等电导圆无交点。这意味着先串联电容或电感再并联电容或电感的方案无法实现匹配。若采用解析法进行匹配，基于这几种方案建立的数学方程将无解。

先看并联电感串联电容方案中电感、电容的取值。并联电感使相应参量点由 $\overline{Z}_L$ 移至 A，由圆图可读得 A 及 $\overline{Z}_L$ 的归一化导纳值分别为 $0.17-j1.33$，$0.17+j0.17$，故并联电感应提供的归一化电纳值 $\overline{b}_L$ 为 $-1.33-0.17=-1.5$，可求得电感值为

$$L = -Z_c/(2\pi f \overline{b}_L) = 1.06\mathrm{nH}$$

串联电容使相应参量点由 A 移至 $\overline{Z}_S^*$，由圆图可读得 $\overline{Z}_S^*$ 及 A 的电阻值分别为 $0.1+j0.1$，$0.1+j0.75$，故串联电容应提供的电抗值 $\overline{x}_c$ 为 $0.1-0.75=-0.65$，可求得电容值为

$$C = -1/(2\pi f \overline{x}_c Z_c) = 0.98\mathrm{pF}$$

使用相同的方法，可求得并联电容串联电感方案中的参数。由 $\overline{Z}_L$ 移至 B，并联电容应提供的电纳值 $\overline{b}_c$ 为 1.16；由 A 移至 $\overline{Z}_S^*$，串联电感应提供的电抗值 $\overline{x}_L$ 为 0.85。得到电感及电容的取值分别为

$$L = \overline{x}_L Z_c/(2\pi f) = 1.35\mathrm{nH}$$

$$C = \overline{b}_c/(2\pi f Z_c) = 0.74\mathrm{pF}$$

2. 除使用集总参数器件外，还使用传输线

匹配网络中的传输线有串联和并联两种形式。由前述分析可知，并联传输线与并联电容/电感的作用等效，故上述两种方案中的并联电容/电感可以用并联传输线替代。并联传输线的参数可以通过圆图很方便地求出。对于图 1.21(a)，并联器件提供 -1.5 的归一化电纳值，在圆图上可定位导纳值为 $-j1.5$ 的点 A，如图 1.22(a) 所示。由点 A 沿等 Γ 圆逆时针旋转至 S 点所对应的电长度是并联短路支节的电长度，由圆图读取其值为 0.094λ；同理，并联开路支节的电长度为 0.344λ。

对于图 1.21(b)，并联器件提供 0.85 的归一化电纳值，在圆图上可定位导纳值为 $j0.85$

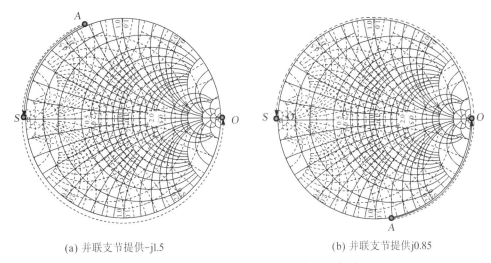

(a) 并联支节提供-j1.5   (b) 并联支节提供j0.85

图 1.22 并联支节电长度圆图求解示意图

的点 A,如图 1.22(b)所示。由点 A 沿等 Γ 圆逆时针旋转至 O 点所对应的电长度是并联开路支节的电长度,由圆图读取其值为 0.112λ;同理,并联短路支节的电长度为 0.362λ。

上述并联支节的长度是在假定其特性阻抗为 50Ω 时得到的。若特性阻抗为其他值,需要先将归一化电纳值反归一化,再以并联支节的特性阻抗重新归一化后,利用圆图求解。可以看到,对于同一电纳值,既可采用短路支节也可采用开路支节实现匹配,但一般情况下,优先并联小于 $\lambda/4$ 的支节。

下面介绍匹配网络中包含串联传输线的情况。过 $\overline{Z}_L$ 的等电导圆与过 $\overline{Z}_S^*$ 的等 Γ 圆在圆图上交于 A 点,如图 1.23 所示。并联电容或小于 $\lambda/4$ 的开路支节可以使相应参量点从 $\overline{Z}_L$ 移至 A 点,再串联一定长度的传输线就能完成从 A 至 $\overline{Z}_S^*$ 的移动,从而达到匹配。

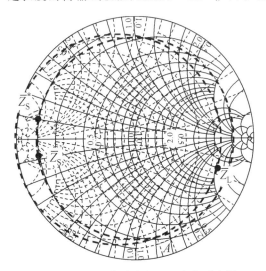

图 1.23 包含传输线的匹配方案示意图

与 A 点对称位于上半平面的点不能构成有效匹配路径,因为从该点至 $\overline{Z}_S^*$ 的逆时针移动不能由串联传输线实现。这是由于串联传输线只能实现从负载至源方向的顺时针移动。

若在匹配网络中考虑使用 $\lambda/4$ 阻抗变换器,则会有更多匹配方案,这里不一一介绍。

本例介绍的是共轭匹配设计。对于行波匹配设计,它与共轭匹配的区别在于匹配路径的终点是复反射系数平面的原点,其余设计过程完全一样。

上述分布参数与集总参数匹配网络的主要区别在于适用频段不同。集总参数元件适用于低频段,当频率升高时,由于寄生效应的影响,其性能将显著恶化,此时需改用分布参数元件。虽然分布参数在理论上也可用于低频段,但由于此时传输线物理尺寸过大,实践中通常优先采用集总参数元件。

1.3.4 匹配电路的带宽

可以看到,存在多种匹配方案可以实现匹配任务。选择哪种方案,除了使所用器件尽量少以外,匹配网络的带宽也是一个重要指标。

匹配网络的带宽性能可以由级联网络的转移矩阵得到,因为级联网络总转移矩阵 a 元素的倒数是网络的传递函数。这种方法能够对带宽做出准确估计,其缺点是过于复杂,且必须等到匹配设计完成后才能进行。引入节点品质因子 Q_n 可以简单地估计匹配电路的品质因子,其最大优点是在匹配过程中就可以大致了解带宽性能。

1. 节点品质因子 Q_n

在 Smith 圆图图解法设计匹配电路中可以看到,由于匹配器件的引入,在圆图上的相应参量点从一个点移至另一点。若将这些点称为节点,则节点品质因子 Q_n 定义为每个节点的电抗量的绝对值与相应电阻的比值,即

$$Q_n = |\overline{X}/\overline{R}| \tag{1.28a}$$

Q_n 也可以用电纳量的绝对值与相应电导的比值来定义,即

$$Q_n = |\overline{B}/\overline{G}| \tag{1.28b}$$

节点品质因子与有载品质因子的关系为

$$Q_L = Q_n/2 \tag{1.29}$$

这个结论对于任何 L 形匹配网络都成立。对于更复杂的匹配网络,有载品质因子常用节点品质因子的最大值来估计。

2. 等 Q_n 圆

与 Smith 圆图中其他参量类似, Q_n 相等的所有点在圆图上也形成圆,称为等 Q_n 圆。归一化阻抗与反射系数间的关系为

$$\overline{R} + j\overline{X} = \frac{1 - (\Gamma^R)^2 - (\Gamma^I)^2}{(1 - \Gamma^R)^2 + (\Gamma^I)^2} + j\,\frac{2 - \Gamma^I}{(1 - \Gamma^R)^2 + (\Gamma^I)^2} \tag{1.30}$$

所以,节点品质因子可以写成

$$Q_n = \left| \frac{\overline{X}}{\overline{R}} \right| = \frac{2\Gamma^{\mathrm{I}}}{(1-\Gamma^{\mathrm{R}})^2 - (\Gamma^{\mathrm{I}})^2} \tag{1.31}$$

整理式(1.31)可得圆方程

$$(\Gamma^{\mathrm{R}})^2 + \left(\Gamma^{\mathrm{I}} \pm \frac{1}{Q_n} \right)^2 = 1 + \frac{1}{Q_n^2} \tag{1.32}$$

在 Smith 圆图中标出这些等 Q_n 圆后,只需读出 Q_n 值,然后除以 2 就可以得到匹配电路的有载品质因子。

图 1.24 在圆图上画出了 0.3、1 及 3 的等 Q_n 线,有了这些在圆图中的等 Q_n 线,匹配过程中即可知道所选匹配方案的大致带宽性能。

3. 宽带匹配示例

在很多实际应用中,匹配网络的品质因子是非常重要的。例如,当设计宽带放大器时,需要降低网络的品质因子以便增加其带宽。此时较少器件数目的匹配电路往往无法达到要求,故需要增加匹配器件。

继续以前面的例子为例,但要求匹配电路的带宽尽量宽。参看图 1.25,因为源阻抗与负载阻抗是固定的,所以匹配电路的品质因子不能大于对应于 $\overline{Z}_S$ 及 $\overline{Z}_L$ 节点品质因子中的最大值,本例为 1。为使带宽尽量宽,要求匹配电路形成的各节点不超出由 $Q_n = 1$ 的等 Q_n 线围成的区域。从图 1.25 中可知,为达到带宽性能要求,串联电感并联电容方案需要多达 11 个器件。

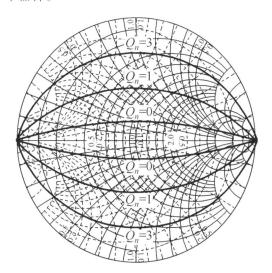

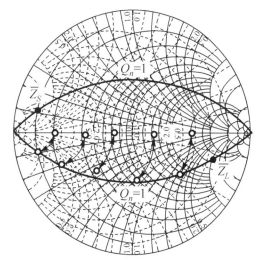

图 1.24　Smith 圆图中的等 Q_n 圆　　　　图 1.25　最大带宽匹配示意图

1.4　传输线类型

传输线种类繁多,按其上传输的导行波大致可分为以下三种类型。

(1)TEM 波传输线,有平行双线、同轴线、带状线、微带(严格地说,其上传输的是准

TEM 波)等,如图 1.26(a)所示。

(2)TE、TM 波传输线,有矩形波导、圆形波导、脊形波导、椭圆波导等,如图 1.26(b)所示。

(3)表面波传输线,有介质波导、镜像线、单根线等,如图 1.26(c)所示。

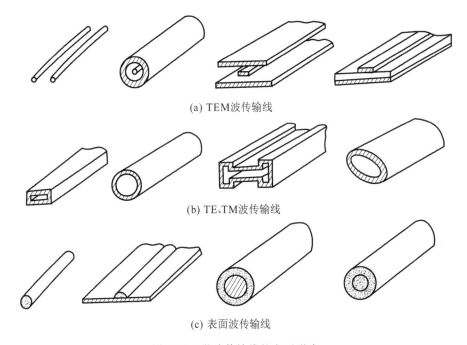

(a) TEM波传输线

(b) TE、TM波传输线

(c) 表面波传输线

图 1.26　微波传输线的主要形式

上述具体的传输线在结构和尺寸上表现不同,但都可以用在射频微波器件和系统中。在器件和系统设计中,需要了解上述传输线的特性阻抗和信号在传输线中的传播模式及相应波长,有时还考虑损耗。射频微波波段使用最多的是同轴线、矩形波导和微带。下面针对典型的传输线进行简要介绍。

1.4.1　同轴传输线

平行双线是最简单的 TEM 波传输线,它的适用范围一般是米波的高频端和分米波的低频端。频率的升高(也就是波长缩短)致使两导体之间的距离可以与波长相比拟时,辐射损耗将剧烈增加,而且两导体的间距相对于波长的比值越大,这种损耗也就越严重。

同轴线是由内外两个导体组成的,电磁波在两个导体的中空部分传输,有了外导体的屏蔽,辐射损耗完全消除。它的使用范围为分米波段的高频段至 10cm 波段。

波在同轴线中能以 TEM 波和 TE、TM 波模式传播。实际使用模式是 TEM 波,为了避免干扰及其他影响,需要抑制 TE、TM 波模式。通过恰当选择同轴线的尺寸可以达到抑制目的。同轴线的内外半径分别为 a、b,所传输波的波长为 λ,同轴线只传输 TEM 波时尺寸应满足的条件为

$$(b+a) \leqslant \frac{\lambda}{\pi} \tag{1.33}$$

TEM 波模式的传播波长和同轴线的特性阻抗分别为

$$\lambda = \lambda_0 / \sqrt{\varepsilon_r}, \quad Z_c = \frac{1}{2\pi} \sqrt{\frac{\mu}{\varepsilon}} \ln \frac{b}{a} \tag{1.34}$$

式中,λ_0 是波在真空中的波长;$\varepsilon = \varepsilon_r \varepsilon_0$ 是同轴线中填充介质的介电常数;μ 是磁常数。

TEM 波模式传播时的衰减常数为

$$\alpha_{TEM} = \frac{R_s}{2\sqrt{\frac{\mu}{\varepsilon}}} \cdot \frac{\frac{1}{a} + \frac{1}{b}}{\ln \frac{b}{a}} \tag{1.35}$$

式中,R_s 是导体的表面阻抗。

随着频率进一步提高(超过它的适用范围),趋肤效应引起的导体损耗大大增加(尤其是内导体截面积很小的同轴线);支撑内外两导体的介质支撑杆所引起的介质损耗也不能忽略,因为它是与频率成正比的。另外,为了避免出现不希望的模式,必须减小内外导体的尺寸和两者的距离,这就增加了击穿的危险,致使允许传输的最大功率下降;尺寸的减小还会给机械加工带来困难。所以,当频率提高到一定值时,需要采用其他形式的传输线。

1.4.2 波导传输线

波导传输线没有内导体,一方面使得它的欧姆损耗比双线和同轴线低很多,另一方面减少了电击穿的可能性,使得传输功率增大。另外,它不需要介质支撑物,介质的损耗不存在,电磁波是在屏蔽的金属管内传输,辐射损耗也不存在。与同轴线相比,这是一种损耗小、功率容量大的传输系统。

波在波导内以 TE、TM 波模式传播,实际主要使用的是 TE_{10} 波模式,这样需要抑制其他的 TE、TM 波模式。波导的宽和高分别为 a、b,所传输波的波长为 λ,为了保证波导能且只能传输 TE_{10} 波模式,尺寸应满足的条件为

$$\max(a, 2b) < \lambda < 2a \tag{1.36}$$

TE_{10} 波模式在波导内的传播波长常用 λ_g 表示为

$$\lambda_g = \frac{\lambda}{\sqrt{1 - \left(\frac{\lambda}{2a}\right)^2}} \tag{1.37}$$

TE_{10} 波模式在波导内的场分布如图 1.27 所示。由于波导内的场是有旋场,不能和同轴线情形一样得到唯一的特性阻抗值。实际中常用等效阻抗来对应于无旋场情形时的特性阻抗,TE_{10} 波模式的等效阻抗表示为

$$Z_e = \frac{b}{a} \frac{\sqrt{\frac{\mu}{\varepsilon}}}{\sqrt{1 - \left(\frac{\lambda}{2a}\right)^2}} \tag{1.38}$$

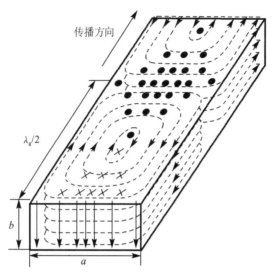

图 1.27 矩形波导中的 TE_{10} 模式

TE_{10} 模式在波导内传播时的衰减常数为

$$(\alpha_c)_{\text{TE}_{10}} = \frac{R_s}{120\pi b} \cdot \frac{1 + \frac{2b}{a}\left(\frac{\lambda}{2a}\right)^2}{\sqrt{1 - \left(\frac{\lambda}{2a}\right)^2}} \tag{1.39}$$

1.4.3 微带传输线

微带线属于平面型结构,与立体结构型的同轴线、波导相比,具有体积小、质量轻、易于批量生产、成本低、可靠性高等优点,是射频微波集成电路的主要组成部分。其缺点是损耗稍大,功率容量小,仅限于中、小功率应用。

由于多了一个介质和空气的界面,其主模将不是纯粹的 TEM 波模式,但在频率较低的条件下可以看作 TEM 波模式。微带线的 TEM 场分布如图 1.28 所示。

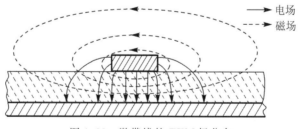

图 1.28 微带线的 TEM 场分布

对于介质厚度为 h、相对介电常数为 ε_r、导带宽度为 W、厚度为 t 的微带线,当 $t < h$、$t < W/2$ 时,其相对等效介电常数 ε_e 及特性阻抗 Z_0 分别为

$$\varepsilon_e = \frac{\varepsilon_r + 1}{2} + \frac{\varepsilon_r - 1}{2} F(W_e/h) - C \tag{1.40}$$

$$Z_0 = \frac{\eta}{2\pi} \ln\left(\frac{8h}{W_e} + 0.25\frac{W_e}{h}\right) \quad \left(\frac{W}{h} \leqslant 1\right) \tag{1.41a}$$

$$Z_0 = \eta \left\{\frac{W_e}{h} + 1.393 + 0.667\ln\left(\frac{W_e}{h} + 1.444\right)\right\}^{-1} \quad \left(\frac{W}{h} \geqslant 1\right) \tag{1.41b}$$

式中：

$$F(W_e/h) = (1 + 12h/W_e)^{-1/2} + 0.04(1 - W_e/h)^2 \quad (W/h \leqslant 1)$$

$$F(W_e/h) = (1 + 12h/W_e)^{-1/2} \quad (W/h \geqslant 1)$$

$$W_e/h = W/h + \frac{t}{h\pi}\left(1 + \ln\frac{2h}{t}\right) \quad \left(W/h \geqslant \frac{1}{2\pi}\right)$$

$$W_e/h = W/h + \frac{t}{h\pi}\left(1 + \ln\frac{4h\pi}{t}\right) \quad \left(W/h \leqslant \frac{1}{2\pi}\right)$$

$$\eta = \frac{120\pi}{\sqrt{\varepsilon_e}}\Omega$$

当频率超过一定值时,特性阻抗和介电常数值随着频率变化而变化,即具有色散特性,上述公式要进行色散修正。微带 TEM 波模式的传播波长可以由等效介电常数求得。

微带中除了准 TEM 波模式外,还可能存在波导模和表面波模。前者存在于导体条带和金属底板之间,而后者不依存于导体条带,是一种沿着金属底板和介质基片表面传输的波。为了保证微带线工作于准 TEM 波模式状态,需要抑制其他模式,在选择其尺寸及介质材料时,要求满足下列条件,即

$$W < \frac{\lambda_{min}}{2\sqrt{\varepsilon_r}}, h < \frac{\lambda_{min}}{2\sqrt{\varepsilon_r}}, h < \frac{\lambda_{min}}{4\sqrt{\varepsilon_r - 1}} \tag{1.42}$$

表面波的相速与微带线准 TEM 波的相速在同一范围内,当两者相速相同时,将发生强耦合而严重地破坏准 TEM 波的工作状态。TE 型和 TM 型表面波与准 TEM 波发生强耦合的频率分别为

$$f_{TE} \approx \frac{3c\sqrt{2}}{8h\sqrt{\varepsilon_r - 1}}, \quad f_{TM} \approx \frac{c\sqrt{2}}{4h\sqrt{\varepsilon_r - 1}} \tag{1.43}$$

选择其尺寸及介质材料时还应考虑避免和表面波产生强耦合。

微带损耗包括导体损耗、介质损耗和辐射损耗三部分。微带是半开放性结构,不可避免地会有电磁辐射。但若微带基片的相对介电常数 ε_r 较大,且其横截面尺寸比 W/h（常称形状比）较大,则辐射损耗很小,可以忽略不计。

微带线的导体衰减常数 α_c 与 t/h、W/h 的关系示于图 1.29。其纵坐标 $\alpha_c Z_c h/R_s$ 称为归一化衰减常数,这里,Z_c 是微带线的特性阻抗,R_s 是该微带所用导体的表面电阻率。

微带介质损耗可表示为

$$\alpha_d = 27.3\frac{\varepsilon_e - 1}{\varepsilon_r - 1}\frac{\varepsilon_r}{\sqrt{\varepsilon_e}}\frac{\tan\delta_e}{\lambda} \tag{1.44}$$

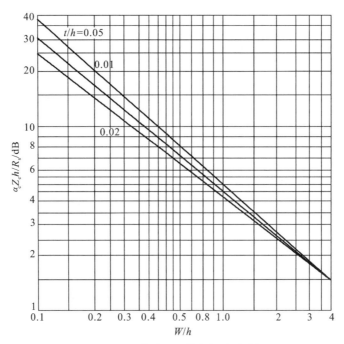

图 1.29　微带线的导体损耗衰减特性

式中：$\tan\delta_e$ 是介质损耗正切。

　　实际微带线的损耗往往比理论值大得多，这和工艺质量密切相关，因此，为了得到高质量的微带电路元件，除了合理的设计外，还要有高质量的微带制作工艺。

1.4.4　基片集成波导传输线

　　基片集成波导(substrate integrated waveguide，SIW)结构如图 1.30(a)所示，其中介质基板上下表面覆有金属镀层，并且在介质基板两侧周期性排列着间距相同的两列金属化通孔，这些通孔将上下两层金属镀层连通。这种通孔结构和金属壁的作用相近，能够将电磁波限制在一定空间内传播，具有类似于金属波导的效果。相比于传统矩形金属波导，基片集成波导具有整体尺寸较小、质量轻便、加工难度低、成本低等优点。同时，相比于需要高精度、高成本和高加工难度和时长的矩形金属波导，基片集成波导结构可以利用成熟的 PCB 工艺或 LTCC 工艺进行制造，并且可将天线和其他平面电子线路直接集成于同一介质基板，同时提高了集成度和电性能，提升了系统的适用性。相比于同是平面结构的微带传输线，其具有更好的电磁兼容性能，在实际工程中得到广泛采用。

　　研究表明，基片集成波导具有和由介质填充的矩形波导相似的传输特性。因此，在分析基片集成波导的传输特性时，可以将基片集成波导等效成矩形金属波导进行分析。图 1.30(b)是基片集成波导和由介质填充的矩形金属波导的等效关系图。其中 a_{eff} 和 W_{SIW} 为矩形金属波导和基片集成波导的宽度，h_{eff} 和 h 为矩形金属波导和基片集成波导的高度，L_{eff} 和 L_{SIW} 矩形金属波导和基片集成波导的长度，ε_r 为填充介质的介电常数。利用线性法进行分

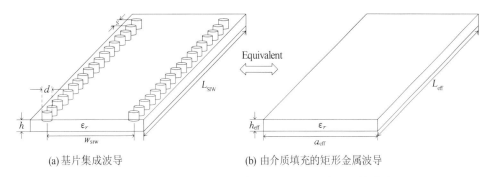

(a) 基片集成波导　　　　　　　　(b) 由介质填充的矩形金属波导

图 1.30　基片集成波导和由介质填充的矩形金属波导的等效关系图

析得到它们的等效关系如下：

$$a_{\text{eff}} = W_{\text{SIW}} \times \overline{a} \tag{1.45}$$

$$L_{\text{eff}} = L_{\text{SIW}} \times \overline{a} \tag{1.46}$$

$$h_{\text{eff}} = h \tag{1.47}$$

其中，$\overline{a}$ 为等效矩形金属波导的归一化长度，计算表达式为

$$\overline{a} = \xi_1 + \frac{\xi_2}{\dfrac{s}{d} + \dfrac{\xi_1 + \xi_2 - \xi_3}{\xi_3 - \xi_1}} \tag{1.48}$$

$$\xi_1 = 1.0198 + \frac{0.3465}{W_{\text{SIW}}/s - 1.0684}$$

$$\xi_2 = -0.1183 - \frac{1.2729}{W_{\text{SIW}}/s - 1.2010}$$

$$\xi_3 = 1.0082 - \frac{0.9163}{W_{\text{SIW}}/s + 0.2152}$$

式中：s 为金属通孔间距；d 为金属通孔直径。

　　通过上述公式由基片集成波导的各个结构参数得到等效矩形金属波导后，利用现有波导理论就可以对基片集成波导的传输特性进行分析。等效宽度 a_{eff} 也经常用下述近似公式进行计算：

$$a_{\text{eff}} = \frac{W_{\text{SIW}}}{\sqrt{1 + \left(\dfrac{2W_{\text{SIW}} - d}{s}\right)\left(\dfrac{d}{W_{\text{SIW}} - d}\right)^2 - \dfrac{4W_{\text{SIW}}}{5s^4}\left(\dfrac{d^2}{W_{\text{SIW}} - d}\right)^3}} \tag{1.49}$$

　　在实际工程中，为了便于系统集成，基片集成波导常与微带线传输线连接。微带线传输主模是准 TEM 波模式，其电场主要集中于介质基板之中，基片集成波导的传输主模是 TE_{10} 波模式，两者的电场幅度都是中间最大，向两边递减。为了实现微带和基片集成波导连接，往往会引入微带和基片集成转换结构以实现匹配。共面形式的微带-SIW 转换结构如图 1.31 所示。在该结构中，SIW 的端口通过一段渐变的微带线同 50Ω 的微带线相连，这段渐变微带线可以有效实现微带线和 SIW 匹配。此转换结构主要考虑 50Ω 微带线宽度 W_m、渐变微带线与 SIW 连接处宽度 W_t 和渐变微带线长度 L_t。其中,W_m 是确定的,L_t 通常取 1/4 介质波长,一般通过电磁仿真软件得到 W_t 的取值以保证阻抗是匹配的。

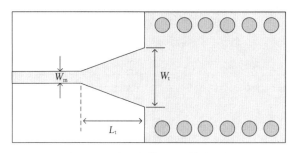

图 1.31 共面微带-SIW 转换结构

习　　题

(1)信号源通过一段传输线向负载传输信号。信号源内阻 $Z_s = 50\Omega$,传输线特征阻抗 $Z_0 = 50\Omega$,其长度为 $l = 1.0\mathrm{m}$。若测量得到传输线上电压振幅最大值和最小值分别为 15V 和 3V,且电压最大值点与最小值点的最短距离为 $d_1 = 0.16\mathrm{m}$。其中一个电压振幅最小值点 B 到负载距离为 $d_2 = 0.20\mathrm{m}$。试求:①传输线上的驻波比;②传输线上传输信号的传输波长和相位常数 β;③负载阻抗;④负载的吸收功率。

(2)求解图 1.22 中匹配方案电路参数。若将并容串线方案在介电常数为 2.2,介质材料厚度为 0.787mm,导体带厚度为 0.035mm 的微带基板上实现,求各段微带线的宽度及长度。

(3)天线作为负载与特性阻抗 50Ω 的传输线连接,在传输线上测得驻波比及驻波相位分别是 3.0 及 11cm,求此天线的输入阻抗。设计匹配电路使天线与传输线达到匹配,并估计其带宽。(设工作频率为 880MHz。)

(4)负载阻抗为 200Ω,分别用二节、三节 $\lambda/4$ 阻抗变换器实现它与特性阻抗为 50Ω 的传输线间的匹配。匹配中保证带宽最宽,并与只用一节时的带宽比较。

第 2 章　网 络 理 论

射频微波系统中的传输线起传输射频信号的作用,传输线理论可以给出射频信号的传输特性。在射频微波工程中,用网络模型代替处理射频信号的功能器件,其特性用网络参量描述。射频微波电路中器件内部结构非常复杂,用麦克斯韦方程组往往难以求得其场解,通常用网络参数来描述功能部件的输入变量与输出变量间的关系,其实质是用路代替场来分析问题,从而方便了实际工程应用。

2.1　网络端口变量

射频微波系统中的一个网络模型通过传输线与其他网络模型连接起来,在实际应用中,传输线上的电磁波信号用等效电压和电流与波变量来描述,它们也就是网络端口变量。显然,用等效电压和电流来描述射频信号时的网络参量与波变量会不一样。

2.1.1　等效电压和电流

在双线和同轴线等传输线上传输的电磁波是 TEM 波,由于 TEM 波是非旋场,可以很方便得到等效电压和电流,但在波导类传输线所传输的电磁波是有旋场,很难在场与电压和电流间建立一一对应关系。为解决这一问题,在射频微波工程中,用功率 P 及反射系数 Γ 这两个有确定物理意义的参数来定义等效电压和电流。

由功率关系得

$$P = \frac{1}{2}\mathrm{Re}[V(z) \cdot I^*(z)] \tag{2.1}$$

传输线理论中阻抗 Z 与反射系数 Γ 之间的关系式为

$$Z = \frac{V}{I} = Z_c\frac{1+\Gamma}{1-\Gamma}$$

由于非 TEM 波导波系统的特性阻抗 Z_c 不是单值的,将上式的两边同除以特性阻抗 Z_c 得

$$\frac{Z}{Z_c} = \frac{V/\sqrt{Z_c}}{I\sqrt{Z_c}} = \frac{\overline{V}}{\overline{I}} = \frac{1+\Gamma}{1-\Gamma} \tag{2.2}$$

式中,$\overline{V}$ 和 $\overline{I}$ 称为归一化电压和电流,与非归一化电压、电流的关系为

$$\overline{V} = \frac{V}{\sqrt{Z_c}}, \quad \overline{I} = I\sqrt{Z_c} \tag{2.3}$$

对于归一化电压 $\overline{V}$ 和归一化电流 $\overline{I}$,功率关系依然满足

$$P=\frac{1}{2}\mathrm{Re}[V(z)\cdot I^*(z)]=\frac{1}{2}\mathrm{Re}[(\overline{V}\sqrt{Z_c})\cdot(\overline{I}/\sqrt{Z_c})^*]=\frac{1}{2}\mathrm{Re}[\overline{VI}^*]$$

这样由功率 P 及反射系数 Γ 这两个可测量就可以唯一确定电压 $\overline{V}$ 和电流 $\overline{I}$。

2.1.2　波变量

等效电压和电流是传输线上入射波与反射波的叠加值,也可以用入射波及反射波作为传输线上的变量,称为波变量。波变量与等效电压和电流关系可由传输线理论给出,将传输线方程电压电流解与上面一样归一化,则

$$\overline{V}(z)=A_1/\sqrt{Z_c}\,\mathrm{e}^{\mathrm{j}\beta z}+A_2/\sqrt{Z_c}\,\mathrm{e}^{-\mathrm{j}\beta z}$$

$$\overline{I}(z)=A_1/\sqrt{Z_c}\,\mathrm{e}^{\mathrm{j}\beta z}-A_2/\sqrt{Z_c}\,\mathrm{e}^{-\mathrm{j}\beta z}$$

显然,等式右边第一项为入射波,第二项为反射波,分别记为 a,b。重写上式为

$$\overline{V}=a+b \tag{2.4a}$$

$$\overline{I}=a-b \tag{2.4b}$$

用波变量表示功率,即

$$P=\frac{1}{2}\mathrm{Re}[\overline{VI}^*]=\frac{1}{2}(|a|^2-|b|^2) \tag{2.5}$$

式(2.5)的物理意义十分明显,即传输线负载吸收的功率是入射波功率与反射波功率之差。波变量与功率间的关系很简单,也有文献将波变量称为功率波变量。

2.2　网络参量

工程中将射频微波器件用网络模型来等效。网络模型是由 n 个端口及理想导体共同围成的一个媒质空间,如图 2.1 所示。各端口的变量可以是归一化等效电压或电流,也可以是入射波或反射波。在这里约定进入网络的电流为正,进入网络的波为入波 a,从网络出来的波为出波 b。

用网络模型代替功能器件的依据是电磁场边值问题解的唯一性定理。唯一性定理表明:如果给定了一个封闭面上的切向电场(或切向磁场),则该封闭面区域内部的电磁场是唯一确定的。网络通过端口与外界发生联系,若端口参考面上的横向电场给定,则网络内部的场分布也就唯一确定,因此网络的特性可由端口参考面上的参量间的关系来确定。

对于线性网络,麦克斯韦方程组为线性方程组,故与各端口横向电磁场对应的端口变量之间的关系也是线性的。这些线性关系可用具有常系数的线性方程组来表示,其中的常系数是描述网络特性的网络参量。它们与网络自身特点有关,与外界激励源无关。在特定条件下,通过测量端口变量间的关系可以得到网络参量。

端口变量为归一化等效电压和电流时,分别有阻抗参量、导纳参量及转移参量等网络参量;端口变量为波变量时,分别有散射参量及传输参量等网络参量。下面分析它们的定义、物理意义及参量间的关系。

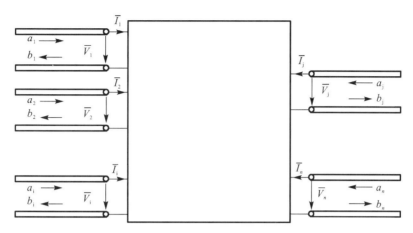

图 2.1　网络模型

2.2.1　阻抗参量和导纳参量

对于一个 n 端口的线性网络,选择端口电路参量为归一化电压 $\overline{V}$、归一化电流 $\overline{I}$,根据叠加原理,当各端口参考面上同时有电流(方向为流入各参考面)作用时,任一参考面上的电压为各参考面上电流单独作用时所作贡献的总和,即

$$\overline{V}_1 = \overline{Z}_{11}\overline{I}_1 + \overline{Z}_{12}\overline{I}_2 + \cdots + \overline{Z}_{1n}\overline{I}_n$$
$$\overline{V}_2 = \overline{Z}_{21}\overline{I}_1 + \overline{Z}_{22}\overline{I}_2 + \cdots + \overline{Z}_{2n}\overline{I}_n$$
$$\vdots$$
$$\overline{V}_n = \overline{Z}_{n1}\overline{I}_1 + \overline{Z}_{n2}\overline{I}_2 + \cdots + \overline{Z}_{nn}\overline{I}_n$$

$$(2.6)$$

式中,$\overline{Z}_{ij}(i,j=1,2,\cdots,n)$ 称为 n 端口网络的归一化阻抗参量。把式(2.6)写成矩阵形式,即

$$\begin{bmatrix} \overline{V}_1 \\ \overline{V}_2 \\ \vdots \\ \overline{V}_n \end{bmatrix} = \begin{bmatrix} \overline{Z}_{11} & \overline{Z}_{12} & \cdots & \overline{Z}_{1n} \\ \overline{Z}_{21} & \overline{Z}_{22} & \cdots & \overline{Z}_{2n} \\ \vdots & \vdots & & \vdots \\ \overline{Z}_{n1} & \overline{Z}_{n2} & \cdots & \overline{Z}_{nn} \end{bmatrix} \begin{bmatrix} \overline{I}_1 \\ \overline{I}_2 \\ \vdots \\ \overline{I}_n \end{bmatrix}$$

或简写为

$$[\overline{V}] = [\overline{Z}][\overline{I}]$$

式中,$[\overline{Z}]$ 矩阵中的各元素称为网络的阻抗参量。令各端口电流变量中,除第 j 口外其余各端口上的电流均为零,即满足 $(\overline{I}_i)_{i\times j}=0$,得其表达式为

$$\overline{Z}_{ij} = \frac{\overline{V}_i}{\overline{I}_j}\bigg|_{(\overline{I}_i)_{i\neq j}=0}$$

$$(2.7)$$

$$\overline{Z}_{jj} = \frac{\overline{V}_j}{\overline{I}_{j\cdot}}\bigg|_{(\overline{I}_i)_{i\neq j}=0}$$

这说明阻抗矩阵的非对角线元 $\overline{Z}_{ij}(j=1,2,\cdots,n)$ 的物理意义是除第 j 口外,其余各口全部开路时,第 j 口到第 i 口的归一化转移阻抗,也称互阻抗。

对角线元 $\overline{Z}_{ij}(j=1,2,\cdots,n)$ 是除第 j 口外,其余各口全部开路时,第 j 口的归一化阻抗,也称自阻抗。

阻抗参量是在端口电流为自变量、端口电压为因变量时线性方程组的常系数。若端口电压为因变量,端口电流为自变量,即考虑网络端口各参考面上同时有电压作用,各参考面上的电流将是所有参考面上的电压单独作用时所作贡献的总和,即

$$\overline{I}_1=\overline{Y}_{11}\overline{V}_1+\overline{Y}_{12}\overline{V}_2+\cdots+\overline{Y}_{1n}\overline{V}_n$$
$$\overline{I}_2=\overline{Y}_{21}\overline{V}_1+\overline{Y}_{22}\overline{V}_2+\cdots+\overline{Y}_{2n}\overline{V}_n$$
$$\vdots$$
$$\overline{I}_n=\overline{Y}_{n1}\overline{V}_1+\overline{Y}_{n2}\overline{V}_2+\cdots+\overline{Y}_{nn}\overline{V}_n$$
$$(2.8)$$

常系数 $\overline{Y}_{ij}(i,j=1,2,\cdots,n)$ 就是归一化导纳参量,把式(2.8)写成矩阵形式,有

$$[\overline{I}]=[\overline{Y}][\overline{V}]$$

导纳矩阵中各元素的物理意义是:非对角线元 $\overline{Y}_{ij}=\left(\dfrac{\overline{I}_i}{\overline{V}_j}\right)_{V_i=0,i\neq j}$ 可表述为除第 j 口外,其余各端口均短路时,第 j 口到第 i 口的归一化转移导纳,也称互导纳。

对角线元 $\overline{Y}_{jj}=\left(\dfrac{\overline{I}_j}{\overline{V}_j}\right)_{V_i=0,i\neq j}$ 可表述为除第 j 口外,其余各口均短路时第 j 口的归一化输入导纳,也称自导纳。

对于像同轴线这样的 TEM 波传输线,传输线特性阻抗是确定的,由式(2.3)可以计算端口非归一化电压参量 V 和非归一化电流参量 I,以它们为端口变量可以定义网络的非归一化阻抗矩阵 $[Z]$ 和非归一化导纳矩阵 $[Y]$,即

$$[V]=[Z][I],[I]=[Y][V] \tag{2.9}$$

同样由式(2.3)可得归一化与非归一化矩阵元素的关系,即

$$\overline{Z}_{ij}=\frac{Z_{ij}}{\sqrt{Z_{ci}Z_{cj}}},\overline{Y}_{ij}=\frac{Y_{ij}}{\sqrt{Y_{ci}Y_{cj}}} \tag{2.10}$$

在求解图 2.2 所示的网络串并联问题时,采用阻抗和导纳参量描述网络特性非常方便。图 2.2(a)中,$v_1=v'_1+v''_1$,$v_2=v'_2+v''_2$,而 $i_1=i'_1=i''_1$,$i_2=i'_2=i''_2$,故

$$\begin{pmatrix}v_1\\v_2\end{pmatrix}=[Z]\begin{pmatrix}i_1\\i_2\end{pmatrix}=\begin{pmatrix}v'_1\\v'_2\end{pmatrix}+\begin{pmatrix}v''_1\\v''_2\end{pmatrix}=[Z']\begin{pmatrix}i'_1\\i'_2\end{pmatrix}+[Z'']\begin{pmatrix}i''_1\\i''_2\end{pmatrix}=([Z']+[Z''])\begin{pmatrix}i_1\\i_2\end{pmatrix}$$

即

$$[Z]=[Z']+[Z'']$$

因为两个网络连接后的网络阻抗参量等于两个网络各自阻抗参量之和,故称图 2.2(a)中网络的连接方式为网络的串联。

对于图 2.2(b),$v_1=v'_1=v''_1$,$v_2=v'_2=v''_2$,而 $i_1=i'_1+i''_1$,$i_2=i'_2+i''_2$,与上面类似处理,有

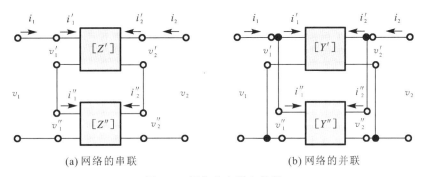

(a) 网络的串联　　　　　　　　(b) 网络的并联

图 2.2　网络的串联和并联

$$[Y]=[Y']+[Y'']$$

所以图 2.2(b)中网络的连接方式为网络的并联。

2.2.2　散射参量

阻抗参量和导纳参量都是以各端口的等效电压、等效电流为因变量和自变量定义的。对于射频微波网络,各端口的入波和出波等量很容易和测量结果联系起来,描述各端口入波和出波之间关系的网络散射参量获得了广泛的应用。入波与出波之间的线性关系可以用下列线性方程组来表示,即

$$
\begin{aligned}
b_1 &= S_{11}a_1 + S_{12}a_2 + \cdots + S_{1n}a_n \\
b_2 &= S_{21}a_1 + S_{22}a_2 + \cdots + S_{2n}a_n \\
&\vdots \\
b_n &= S_{n1}a_1 + S_{n2}a_2 + \cdots + S_{nn}a_n
\end{aligned}
\tag{2.11}
$$

简写为

$$[b]=[S][a]$$

式中,$[a]$、$[b]$ 分别为入波列矩阵和出波列矩阵;$[S]$ 称为 n 口网络的散射矩阵,它也是一个 n 阶方阵。对于一个具体的微波网络,只要确定了全部散射参量 S_{ij},它的入波、出波之间的关系就可确定,网络特性自然也就确定了。

$[S]$ 矩阵中非对角线元 S_{ij} 可表示为

$$
S_{ij} = \frac{b_i}{a_j}\bigg|_{a_i=0} \quad (i \neq j, i=1,2,\cdots,n)
\tag{2.12a}
$$

其物理意义是:非对角线元 S_{ij} 为除第 j 口接能源外,其余各口均接匹配负载时,第 j 口传输到第 i 口的电压传输系数。

$[S]$ 矩阵中对角线元 S_{jj} 可表示为

$$
S_{jj} = \frac{b_j}{a_j}\bigg|_{a_i=0} \quad (i \neq j, i=1,2,\cdots,n)
\tag{2.12b}
$$

其物理意义是:对角线元 S_{jj} 除第 j 口接能源外,其余各口均接匹配负载时,第 j 口的电压反射系数,即

$$\Gamma_j = S_{jj}|a_i = 0 \quad (i \neq j, i = 1, 2, \cdots, n) \tag{2.13}$$

在射频微波网络中,当入波和出波作为端口变量时,要求信号源是波源。因此,对于给定的电压信号源,需将其变换为波源。电压源用电动势 V_s 和内阻抗 Z_s 表示,波源用电源反射系数 Γ_s 和电源波 b_s 表示,如图 2.3 所示。下面推导它们间的关系。

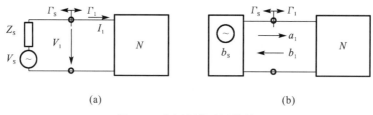

(a)   (b)

图 2.3   电压源的波源等效

由图 2.3(a)可得端接条件为

$$V_1 = V_s - I_1 Z_s \tag{2.14}$$

波变量 a_1 和 b_1 代入式(2.14)端接条件中,有

$$\sqrt{Z_0}(a_1 + b_1) = V_s - \frac{1}{\sqrt{Z_0}}(a_1 - b_1)Z_s \tag{2.15}$$

$b_1 = 0$ 时的出波 a_1 就是电源波 b_s,故

$$b_s = \frac{\sqrt{Z_0}}{Z_0 + Z_s} V_s \tag{2.16}$$

电源反射系数 Γ_s 为

$$\Gamma_s = \frac{Z_s - Z_0}{Z_s + Z_0} \tag{2.17}$$

信号源通过二端口网络作用于负载,可以将信号源和二端口网络在网络输出端口等效为新波源。二端口网络输入端接有电源波 b_s,其电源反射系数为 Γ_s,通过散射矩阵 $[S]$ 的网络变换后,在输出端口上能用等效电源波 b'_s 和等效电源反射系数 $\Gamma'_s(=\Gamma_{out})$ 来代替。

由图 2.4(a),在网络输入端有下列端接条件,即

$$a_1 = b_s + \Gamma_s b_1 \tag{2.18}$$

由定义

$$b_1 = S_{11}a_1 + S_{12}a_2$$
$$b_2 = S_{21}a_1 + S_{22}a_2$$

得

$$b_2 = \frac{S_{21}b_s}{1 - s_{11}\Gamma_s} + \left(S_{22} + \frac{S_{21}S_{12}\Gamma_s}{1 - S_{11}\Gamma_s}\right)a_2 \tag{2.19}$$

由图 2.4(b),有

$$b_2 = b'_s + \Gamma'_s a_2 \tag{2.20}$$

成立,所以

$$b'_s = \frac{S_{21}b_s}{1 - S_{11}\Gamma_s} \tag{2.21}$$

$$\Gamma'_{s}=\Gamma_{out}=S_{22}+\frac{S_{21}S_{12}\Gamma_{s}}{1-S_{11}\Gamma_{s}} \tag{2.22a}$$

同样,若求等效负载,则

$$\Gamma_{in}=S_{11}+\frac{S_{21}S_{12}\Gamma_{L}}{1-S_{22}\Gamma_{L}} \tag{2.22b}$$

式(2.22)表示网络输入、输出端口反射系数与源及负载反射系数的关系,在射频电路设计中有着基本且重要的应用。

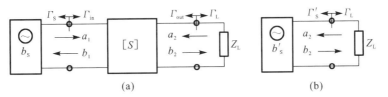

图 2.4　二端口网络的等效波源

2.2.3　转移参量及传输参量

网络的特性可以用上述任意参量来描述。但在实际应用中,经常会遇到一串首尾相连的二端口网络,其中前一网络的输出端口与后一网络的输入端口相连,称为级联,如图 2.5 所示。阻抗、导纳及散射参量对级联网络的求解都不太方便,为了便于解决级联问题,引入二端口网络的转移参量 A 和传输参量 T。它们是二端口网络所特有的参量。

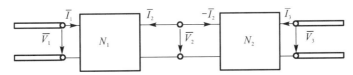

图 2.5　网络的级联

对于图 2.5 所示 N_1 二端口网络,当以输出端口的归一化等效电压 $\overline{V}_2$ 和归一化等效电流 $\overline{I}_2$ 为自变量,以输入端口的 $\overline{V}_1$、$\overline{I}_1$ 为因变量时,可以写出以下关系式,即

$$\begin{aligned}\overline{V}_1&=\overline{a}_1\overline{V}_2-\overline{b}_1\overline{I}_2\\ \overline{I}_1&=\overline{c}_1\overline{V}_2-\overline{d}_1\overline{I}_2\end{aligned} \tag{2.23}$$

表示为矩阵形式,则

$$\begin{bmatrix}\overline{V}_1\\ \overline{I}_1\end{bmatrix}=\begin{bmatrix}\overline{a}_1 & \overline{b}_1\\ \overline{c}_1 & \overline{d}_1\end{bmatrix}\begin{bmatrix}\overline{V}_2\\ -\overline{I}_2\end{bmatrix}$$

式中

$$[\overline{A}_1]=\begin{bmatrix}\overline{a}_1 & \overline{b}_1\\ \overline{c}_1 & \overline{d}_1\end{bmatrix} \tag{2.24}$$

定义为二端口网络的归一化转移矩阵。

需要注意的是,电流从网络的输出端流出才能与后一级网络的输入端电流的方向一致,输出端口电流取为$-\overline{I}_2$。

对于图 2.5 所示 N_2 二端口网络,可以写出以下关系式,即

$$\begin{bmatrix} \overline{V}_2 \\ -\overline{I}_2 \end{bmatrix} = \begin{bmatrix} \overline{a}_2 & \overline{b}_2 \\ \overline{c}_2 & \overline{d}_2 \end{bmatrix} \begin{bmatrix} \overline{V}_3 \\ -\overline{I}_3 \end{bmatrix} = [\overline{A}_2] \begin{bmatrix} \overline{V}_3 \\ -\overline{I}_3 \end{bmatrix}$$

对于 N_1 和 N_2 组合而成的新二端口网络,输出端口的归一化等效电压 $\overline{V}_3$ 和归一化等效电流 $\overline{I}_3$ 与输入端口的 $\overline{V}_1$、$\overline{I}_1$ 有以下关系,即

$$\begin{bmatrix} \overline{V}_1 \\ \overline{I}_1 \end{bmatrix} = \begin{bmatrix} \overline{a} & \overline{b} \\ \overline{c} & \overline{d} \end{bmatrix} \begin{bmatrix} \overline{V} \\ -\overline{I}_3 \end{bmatrix}$$

显然

$$[\overline{A}] = [\overline{A}_1][\overline{A}_2] \tag{2.25}$$

若有 n 个二端口网络的级联,则级联后的总转移矩阵是 n 个网络的转移矩阵的乘积。

归一化转移参量与非归一化转移 A 参量间有如下关系,即

$$\begin{bmatrix} \overline{a} & \overline{b} \\ \overline{c} & \overline{d} \end{bmatrix} = \begin{bmatrix} a\sqrt{\dfrac{Z_{c2}}{Z_{c1}}} & \dfrac{b}{\sqrt{Z_{c1}Z_{c2}}} \\ c\sqrt{Z_{c1}Z_{c2}} & d\sqrt{\dfrac{Z_{c1}}{Z_{c2}}} \end{bmatrix} \tag{2.26}$$

转移参量以电压、电流为自变量和因变量。以二端口的入波和出波为参变量,能方便处理二端口网络级联的传输参量 T。参照图 2.6,其表达式为

$$\begin{aligned} a_1 &= T_{11}b_2 + T_{12}a_2 \\ b_1 &= T_{21}b_2 + T_{22}a_2 \end{aligned} \tag{2.27}$$

写成矩阵形式,即

$$\begin{bmatrix} a_1 \\ b_1 \end{bmatrix} = \begin{bmatrix} T_{11} & T_{12} \\ T_{21} & T_{22} \end{bmatrix} \begin{bmatrix} b_2 \\ a_2 \end{bmatrix}$$

式中

$$[T] = \begin{bmatrix} T_{11} & T_{12} \\ T_{21} & T_{22} \end{bmatrix} \tag{2.28}$$

即为传输矩阵。

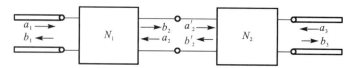

图 2.6　级联网络传输参量 T 推导示意图

类似于转移参量,n 个二端口网络级联的传输矩阵与每个网络的传输矩阵间的关系为

$$[T] = [T_1][T_2]\cdots[T_n] \tag{2.29}$$

2.2.4　诸参量间的关系

网络的特性不会随其描述方式的不同而改变,因此各参量之间必然有一定的关系。在定义阻抗参量和导纳参量时,选择的是端口的电压、电流作为因变量和自变量;定义 S 参量时选择的是端口的入波和出波作为因变量和自变量。由式(2.4),各端口的归一化电压、电流与入波、出波的关系写成下列矩阵形式,即

$$[\overline{V}]=[a]+[b]$$
$$[\overline{I}]=[a]-[b]$$

利用上述关系及各网络参量的定义,可推出诸参量间的关系。对于二端口网络,诸参量间的换算关系列于表 2.1。

表 2.1　二端口网络诸参量间的换算关系

	$[S]$	$[\overline{A}]$	$[\overline{Z}]$	$[\overline{Y}]$
$[\overline{Z}]$	$\begin{bmatrix} \dfrac{1-\|S\|+S_{11}-S_{22}}{\|S\|+1-S_{11}-S_{22}} & \dfrac{2S_{12}}{\|S\|+1-S_{11}-S_{22}} \\ \dfrac{2S_{21}}{\|S\|+1-S_{11}-S_{22}} & \dfrac{1-\|S\|-S_{11}+S_{22}}{\|S\|+1-S_{11}-S_{22}} \end{bmatrix}$	$\dfrac{1}{\overline{c}}\begin{bmatrix} \overline{a} & \|\overline{A}\| \\ 1 & \overline{d} \end{bmatrix}$	$\begin{bmatrix} \overline{Z}_{11} & \overline{Z}_{12} \\ \overline{Z}_{21} & \overline{Z}_{22} \end{bmatrix}$	$\dfrac{1}{\|\overline{Y}\|}\begin{bmatrix} \overline{Y}_{11} & \overline{Y}_{12} \\ \overline{Y}_{21} & \overline{Y}_{22} \end{bmatrix}$
$[\overline{Y}]$	$\begin{bmatrix} \dfrac{1-\|S\|-S_{11}+S_{22}}{\|S\|+1+S_{11}+S_{22}} & \dfrac{-2S_{12}}{\|S\|+1+S_{11}+S_{22}} \\ \dfrac{-2S_{21}}{\|S\|+1+S_{11}+S_{22}} & \dfrac{1-\|S\|+S_{11}-S_{22}}{\|S\|+1+S_{11}+S_{22}} \end{bmatrix}$	$\dfrac{1}{b}\begin{bmatrix} \overline{d} & -\|\overline{A}\| \\ -1 & \overline{a} \end{bmatrix}$	$\dfrac{1}{\|\overline{Z}\|}\begin{bmatrix} \overline{Z}_{11} & \overline{Z}_{12} \\ \overline{Z}_{21} & \overline{Z}_{22} \end{bmatrix}$	$\begin{bmatrix} \overline{Y}_{11} & \overline{Y}_{12} \\ \overline{Y}_{21} & \overline{Y}_{22} \end{bmatrix}$
$[S]$	$\begin{bmatrix} S_{11} & S_{12} \\ S_{21} & S_{22} \end{bmatrix}$	$S_{11}=\dfrac{\overline{a}+\overline{b}-\overline{c}-\overline{d}}{\overline{a}+\overline{b}+\overline{c}+\overline{d}}$ $S_{12}=\dfrac{2\|\overline{A}\|}{\overline{a}+\overline{b}+\overline{c}+\overline{d}}$ $S_{21}=\dfrac{2}{\overline{a}+\overline{b}+\overline{c}+\overline{d}}$ $S_{22}=\dfrac{-\overline{a}+\overline{b}-\overline{c}+\overline{d}}{\overline{a}+\overline{b}+\overline{c}+\overline{d}}$	$S_{11}=\dfrac{\|\overline{Z}\|-1+\overline{Z}_{11}-\overline{Z}_{22}}{\|\overline{Z}\|+1+\overline{Z}_{11}+\overline{Z}_{22}}$ $S_{12}=\dfrac{2\overline{Z}_{12}}{\|\overline{Z}\|+1+\overline{Z}_{11}+\overline{Z}_{22}}$ $S_{21}=\dfrac{2\overline{Z}_{21}}{\|\overline{Z}\|+1+\overline{Z}_{11}+\overline{Z}_{22}}$ $S_{22}=\dfrac{\|\overline{Z}\|-1-\overline{Z}_{11}+\overline{Z}_{22}}{\|\overline{Z}\|+1+\overline{Z}_{11}+\overline{Z}_{22}}$	$S_{11}=\dfrac{1-\|\overline{Y}\|-\overline{Y}_{11}+\overline{Y}_{22}}{\|\overline{Y}\|+1+\overline{Y}_{11}+\overline{Y}_{22}}$ $S_{12}=\dfrac{-2\overline{Y}_{12}}{\|\overline{Y}\|+1+\overline{Y}_{11}+\overline{Y}_{22}}$ $S_{21}=\dfrac{-2\overline{Y}_{21}}{\|\overline{Y}\|+1+\overline{Y}_{11}+\overline{Y}_{22}}$ $S_{22}=\dfrac{1-\|\overline{Y}\|+\overline{Y}_{11}-\overline{Y}_{22}}{\|\overline{Y}\|+1+\overline{Y}_{11}+\overline{Y}_{22}}$
$[\overline{A}]$	$\begin{bmatrix} \dfrac{1-\|S\|+S_{11}-S_{22}}{2S_{21}} & \dfrac{1+\|S\|+S_{11}-S_{22}}{2S_{21}} \\ \dfrac{1+\|S\|-S_{11}-S_{22}}{2S_{21}} & \dfrac{1-\|S\|-S_{11}+S_{22}}{2S_{21}} \end{bmatrix}$	$\begin{bmatrix} \overline{a} & \overline{b} \\ \overline{c} & \overline{d} \end{bmatrix}$	$\dfrac{1}{\overline{Z}_{21}}\begin{bmatrix} \overline{Z}_{11} & \|\overline{Z}\| \\ 1 & \overline{Z}_{22} \end{bmatrix}$	$-\dfrac{1}{\overline{Y}_{21}}\begin{bmatrix} \overline{Y}_{22} & 1 \\ \|\overline{Y}\| & \overline{Y}_{11} \end{bmatrix}$

$$[T] \& [S]$$

$$[T]=\begin{bmatrix} \dfrac{1}{S_{21}} & -\dfrac{S_{22}}{S_{21}} \\ \dfrac{S_{11}}{S_{21}} & S_{12}-\dfrac{S_{11}S_{22}}{S_{21}} \end{bmatrix} \qquad [S]=\begin{bmatrix} \dfrac{T_{21}}{T_{11}} & T_{22}-\dfrac{T_{12}T_{21}}{T_{11}} \\ \dfrac{1}{T_{11}} & -\dfrac{T_{12}}{T_{11}} \end{bmatrix}$$

在网络分析中,许多复杂的网络往往可以分解成若干基本电路单元的组合,从而由基本单元的网络通过级联运算参量求出复杂网络的参量。典型基本单元的参量列于表 2.2。

表 2.2 典型基本单元电路参量

基本单元	A	$\overline{A}$	S	T
	$\begin{bmatrix} 1 & Z \\ 0 & 1 \end{bmatrix}$	$\begin{bmatrix} \sqrt{\dfrac{Z_{c2}}{Z_{c1}}} & \dfrac{Z}{\sqrt{Z_{c1}Z_{c2}}} \\ 0 & \sqrt{\dfrac{Z_{c1}}{Z_{c2}}} \end{bmatrix}$	$\begin{bmatrix} \dfrac{\overline{Z}}{2+\overline{Z}} & \dfrac{2}{2+\overline{Z}} \\ \dfrac{2}{2+\overline{Z}} & \dfrac{\overline{Z}}{2+\overline{Z}} \end{bmatrix}$	$\begin{bmatrix} \dfrac{2+\overline{Z}}{2} & -\dfrac{\overline{Z}}{2} \\ \dfrac{\overline{Z}}{2} & \dfrac{2-\overline{Z}}{2} \end{bmatrix}$
	$\begin{bmatrix} 1 & 0 \\ Y & 1 \end{bmatrix}$	$\begin{bmatrix} \sqrt{\dfrac{Z_{c2}}{Z_{c1}}} & 0 \\ Y\sqrt{Z_{c1}Z_{c2}} & \sqrt{\dfrac{Z_{c1}}{Z_{c2}}} \end{bmatrix}$	$\begin{bmatrix} \dfrac{-\overline{Y}}{2+\overline{Y}} & \dfrac{2}{2+\overline{Y}} \\ \dfrac{2}{2+\overline{Y}} & \dfrac{-\overline{Y}}{2+\overline{Y}} \end{bmatrix}$	$\begin{bmatrix} \dfrac{2+\overline{Y}}{2} & \dfrac{\overline{Y}}{2} \\ -\dfrac{\overline{Y}}{2} & \dfrac{2-\overline{Y}}{2} \end{bmatrix}$
	$\begin{bmatrix} \cos\beta l & jZ_c\sin\beta l \\ \dfrac{j}{Z_c}\sin\beta l & \cos\beta l \end{bmatrix}$	$\begin{bmatrix} \sqrt{\dfrac{Z_{c2}}{Z_{c1}}}\cos\beta l & \dfrac{jZ_c\sin\beta l}{\sqrt{Z_{c1}Z_{c2}}} \\ j\dfrac{\sqrt{Z_{c1}Z_{c2}}}{Z_c}\sin\beta l & \sqrt{\dfrac{Z_{c1}}{Z_{c2}}}\cos\beta l \end{bmatrix}$	$\begin{bmatrix} 0 & e^{-j\beta l} \\ e^{-j\beta l} & 0 \end{bmatrix}$	$\begin{bmatrix} e^{j\beta l} & 0 \\ 0 & e^{-j\beta l} \end{bmatrix}$
	$\begin{bmatrix} \dfrac{1}{n} & 0 \\ 0 & n \end{bmatrix}$	$\begin{bmatrix} \dfrac{1}{n}\sqrt{\dfrac{Z_{c2}}{Z_{c1}}} & 0 \\ 0 & n\sqrt{\dfrac{Z_{c1}}{Z_{c2}}} \end{bmatrix}$	$\begin{bmatrix} \dfrac{1-n^2}{1+n^2} & \dfrac{2n}{1+n^2} \\ \dfrac{2n}{1+n^2} & \dfrac{-(1-n^2)}{1+n^2} \end{bmatrix}$	$\begin{bmatrix} \dfrac{1+n^2}{2n} & \dfrac{1-n^2}{2n} \\ \dfrac{1-n^2}{2n} & \dfrac{1+n^2}{2n} \end{bmatrix}$

习   题

1.用 Matlab 编程对第 1 章作业中的匹配电路实现 $ABCD$ 参数矩阵连乘,求匹配电路的带宽,并与由节点品质因子得到的结果进行比较。

2.已知信号源的反射系数 $\Gamma_g = 0.2e^{j\pi/4}$,资用功率为 200mW,试计算:

(1)端接无反射的匹配负载所吸收的功率。

(2)端接反射系数 $\Gamma_L = 05e^{-j\pi/4}$ 的负载所吸收的功率。

(3)入射到 $\Gamma_L = 05e^{-j\pi/4}$ 负载上的功率。

(4)由 $\Gamma_L = 05e^{-j\pi/4}$ 负载所反射的功率。

第3章　功率分配器与功率耦合器

3.1　功率分配器

在射频/微波电路中,将功率分成两路或多路时使用功率分配器(功分器)。功率分配器反过来使用就是功率合成器(合成器)。在近代射频/微波大功率固态发射源的功率放大器中,功率分配器(简称功分器)也得到广泛使用。

一分二功分器是三端口网络结构,如图3.1所示。

图3.1　一分二功分器示意图

信号输入端口1的功率为P_1,而其他两个输出端口2、3的功率分别为P_2和P_3。若功分器无耗,则$P_1=P_2+P_3$。

一分二功分器有等分型($P_2=P_3$)及比例型($P_2=kP_3$)两种形式。在实际应用中,等分型更常用,此时三个端口间的功率关系为

$$P_2(\text{dBm})=P_3(\text{dBm})=P_1(\text{dBm})-3\text{dB}$$

功分器的技术指标包括频率范围、承受功率、主路到支路的分配损耗、输入输出间的插入损耗、支路端口间的隔离度及每个端口的电压驻波比等。下面分别说明。

功分器的频率范围是其工作的前提,功分器的设计结构与工作频率密切相关,必须先明确分配器的工作频率,然后进行后面的设计。

在大功率分配器/合成器中,功分器的承受功率是重要指标,它决定了采用何种形式的传输线才能实现设计任务。一般来说,传输线承受功率由小到大的次序是微带线、带状线、同轴线、空气带状线、空气同轴线。

功分器的分配损耗A_d指因主路到支路的功率分配导致的功率减少,与功分器的功率分配比有关。分配损耗A_d的表达式为

$$A_d=10\cdot\lg\frac{P_{\text{in}}}{P_{\text{out}}} \tag{3.1}$$

两等分功分器的分配损耗是3dB,四等分功分器的分配损耗是6dB。

功分器的插入损耗A_i是由传输线(如微带线)的介质或导体不理想等因素及输入端不

匹配所导致的损耗。其表达式为

$$A_i = A - A_d \tag{3.2}$$

式中，A 是实际测量值；A_d 在其他端口接匹配负载，主路到某一支路的实际损耗。

功分器的隔离度描述了在其他各口都匹配时，i 口和 j 口的隔离情况，其定义为

$$A_{ij} = 10 \cdot \lg(P_{i,\mathrm{in}}/P_{j,\mathrm{out}}) \tag{3.3}$$

功分器的各支路间应有足够大的隔离度。

由端口不匹配导致功分器端口电压驻波比大于1，端口的电压驻波比越小越好。

功率分配器可以用分布参数电路实现，也可以用集总参数电路实现。下面分别介绍。

3.1.1 分布参数功分器

分布参数功分器的基本结构是威尔金森（Wilkinson）功分器。工程中大量使用的是微带线形式，如图 3.2 所示，大功率情况下用空气带状线或空气同轴线形式。下面分别介绍等功分及比例功分的微带功分器。

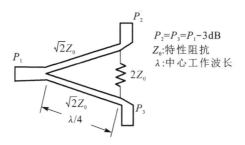

图 3.2 威尔金森功分器示意图

1. 微带等功分器

Wilkinson 等功分器的 S 参量矩阵为

$$[S] = \frac{-1}{\sqrt{2}} \begin{bmatrix} 0 & j & j \\ j & 0 & 0 \\ j & 0 & 0 \end{bmatrix} \tag{3.4}$$

下面用奇偶模分析方法推导参量矩阵。

为了计算 S_{21} 系数，三个端口均接匹配负载 Z_0，如图 3.3(a)所示，同时在端口 2 加上源 V_S。

为方便使用奇偶模方法，端口 2 的源 V_S 分为两个同相工作 $V_S/2$ 源的串联组合，如图 3.3(b)所示。在端口 3，两个 $V_S/2$ 源有 180°相移，其和等于零。同样，端口 1 的负载阻抗 Z_0 处理为两个 $2Z_0$ 阻抗并联，端口 1 和端口 2 间的电阻表示为两个 Z_0 阻抗的串联。

经过上述处理后，端口 2 激励时模型的响应可以看作在端口 2 和端口 3 分别加偶模激励及奇模激励时两个模型响应之和，如图 3.4 所示。

对于偶模激励，中心对称线无电流流过，可视为开路。故模型可简化，如图 3.5(a)所示。此时从端口 2 向端口 1 看过去的输入阻抗 Z_2 为

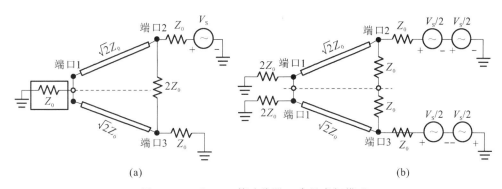

(a)　　　　　　　　　　　　　(b)

图 3.3　Wilkinson 等功分器 S 参量求解模型

$$Z_2 = (\sqrt{2}\,Z_0)^2 / (2Z_0) = Z_0 \tag{3.5}$$

在偶模激励下,端口 2 完全匹配。此时端口 2 处的电压为

$$V_2^e = \frac{1}{2}\frac{V_S}{2} = \frac{V_S}{4} \tag{3.6}$$

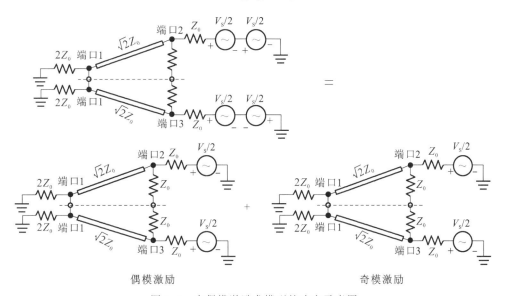

偶模激励　　　　　　　　　　　奇模激励

图 3.4　奇偶模激励求模型的响应示意图

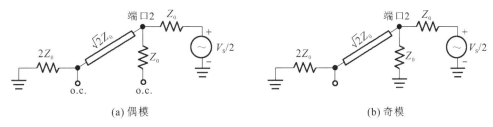

(a) 偶模　　　　　　　　　　　(b) 奇模

图 3.5　奇偶模激励简化模型

根据沿传输线电压分布的理论,在端口 1 及端口 2 对应的电压为

$$V_1^e = V^+ (1 + \Gamma_0^e) \tag{3.7}$$

$$V_1^e = V^+ \mathrm{e}^{\mathrm{j}\beta z} (1 + \Gamma_0^e \mathrm{e}^{-\mathrm{j}2\beta z})_{z=\lambda/4} \tag{3.8}$$

式中，$\Gamma_0^e = (2Z_0 - \sqrt{2}Z_0)/(2Z_0 + \sqrt{2}Z_0)$，是在端口 1 处偶模的反射系数。得到在端口 1 处偶模的电压为

$$V_1^e = V^+ (1 + \Gamma_0^e) = \frac{-\mathrm{j}\sqrt{2}}{4} V_S \tag{3.9}$$

对于奇模激励，简化模型如图 3.5(b)所示。此时，有

$$V_1^o = 0, V_2^o = V_S/4 \tag{3.10}$$

端口 1 和端口 2 的总电压由偶模和奇模的电压相加，得到 S_{12} 参量为

$$S_{12} = \frac{V_1}{V_2} = \frac{V_1^e + V_1^o}{V_2^e + V_2^o} = -\frac{\mathrm{j}}{\sqrt{2}} \tag{3.11}$$

端口 3 到端口 1 的情况与端口 2 到端口 1 的情况一致，故

$$S_{13} = -\mathrm{j}/\sqrt{2}$$

用偶模和奇模对端口 3 到端口 2 的隔离度进行分析，显然 $S_{23} = 0 = S_{32}$。

无论奇模还是偶模激励，端口 2 都是匹配的，故 $S_{22} = 0 = S_{33}$。

当端口 1 被激励时，在端口 2 和端口 3 之间通过电阻 $2Z_0$ 的电流还是零，对电路没有影响，所以在端口 1，阻抗是两个通过 $\lambda/4$ 变换器与 Z_0 终端负载相连的并联组合，即

$$Z_1 = \frac{1}{2} (\sqrt{2}Z_0)^2 / Z_0 = Z_0 \tag{3.12}$$

故端口 1 是匹配的，即 $S_{11} = 0$。

所以，Wilkinson 等功分器的 S 参量矩阵如式(3.4)所示。

上面 Wilkinson 等功分器的 S 参量是在中心频率处的取值，要得到随频率变化的响应特性需重新分析。下面仅推导 S_{21} 的频率特性。

由图 3.5 得到端口 2 的归一化偶模输入阻抗为

$$Z_{2e} = \sqrt{2} \frac{2 + \mathrm{j}\sqrt{2}\tan(\beta l)}{\sqrt{2} + \mathrm{j}2\tan(\beta l)} \tag{3.13}$$

端口 2 的偶模电压为

$$V_2^e = \frac{Z_{2e}}{1 + Z_{2e}} \frac{V_S}{2} \tag{3.14}$$

端口 2 的奇模电压为

$$Z_2^o = \frac{\mathrm{j}\sqrt{2}\tan(\beta l)V_S}{1 + \mathrm{j}2\sqrt{2}\tan(\beta l)^2} \tag{3.15}$$

端口 1 的奇模电压为

$$V_1^o = 0 \tag{3.16}$$

端口 1 的偶模电压为

$$V_1^e = \frac{V_2^e (1 + \Gamma_0^e)}{(\mathrm{e}^{\mathrm{j}\beta l} + \Gamma_0^e \mathrm{e}^{-\mathrm{j}\beta l})} \tag{3.17}$$

得到 S_{21} 及 S_{31} 表达式为

$$S_{31} = S_{21} = (V_1^e + V_1^o)/(V_2^e + V_2^o) \tag{3.18}$$

例 3.1 设计工作在 2.4GHz 微带线 Wilkinson 等功分器。使用的板材参数为相对介电常数 $\varepsilon_r = 4.25$,介质厚度 $H = 1.45$mm,敷铜厚度 $T = 0.035$mm。系统特性 Z_0 为 50Ω。

解 Wilkinson 等功分器主要由两段 $\lambda/4$ 长,特性阻抗为 $1.414Z_0$ 的传输线组成。需要计算微带传输线的宽度及长度。由辅助设计软件可得特性阻抗为 $1.414Z_0$ 的微带线宽度为 1.5mm,长度为 17.2mm。端口特性阻抗为 Z_0,同样由软件可得其宽带为 2.8mm,长度无限制。

由式(3.18)可得 2.4GHz 微带线 Wilkinson 等功分器的 S_{21} 频率响应如图 3.6 所示。

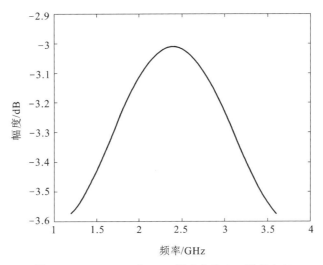

图 3.6 2.4GHz Wilkinson 等功分器 S_{21} 频率响应

2. 微带线比例功分器

实际应用中也存在功分器的两路输出功率不是等分而是按一定比例分配的情况。下面求按比例分配功率时的 Wilkinson 比例功分器参数。参看图 3.7 所示结构图,所要确定的参数是 Z_2、Z_3、Z_{02}、Z_{03} 及 R。

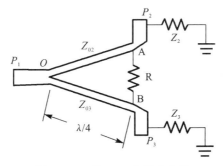

图 3.7 Wilkinson 比例功分器

假设端口 3 和端口 2 的输出功率比为 K^2,即

$$K^2 = P_3/P_2 \qquad (3.19)$$

端口 2 和端口 3 的输出功率与电压的关系为

$$P_2 = V_A^2/Z_2, P_3 = V_B^2/Z_3 \qquad (3.20)$$

要求端口 2 和端口 3 的电压相等, $V_A = V_B$, 否则有电流流过电阻 R, 故

$$Z_2 = K^2 Z_3 \qquad (3.21)$$

一般取

$$Z_2 = K Z_0, Z_3 = Z_0/K \qquad (3.22)$$

下面确定两段 $\lambda/4$ 线的特性阻抗 Z_{02}, Z_{03}。

由线的始端及终端的传输能量相等得

$$Z_O^2/Z_{2\text{in}} = V_A^2/Z_2 \qquad (3.23)$$

由 $\lambda/4$ 阻抗变换性得

$$Z_{2\text{in}} = Z_{02}^2/Z_2 \qquad (3.24)$$

由上面两式得

$$V_A/V_O = Z_2/Z_{02} \qquad (3.25)$$

同理可得

$$V_B/V_O = Z_3/Z_{03} \qquad (3.26)$$

由式(3.25)、式(3.26)及式(3.21)得

$$Z_2/Z_{02} = Z_3/Z_{03}, Z_{02} = K^2 Z_{03} \qquad (3.27)$$

要求在输入端口满足匹配条件可以确定 Z_{02}, Z_{03} 为

$$Z_{02} = \sqrt{K(1+K^2)Z_0} \qquad (3.28)$$

$$Z_{03} = \sqrt{\frac{1+K^2}{K^3}} Z_0 \qquad (3.29)$$

下面求端口 2 和端口 3 间的电阻 R 的取值。当 A 口接信号源时, 功分器的等效电路如图 3.8 所示。A 口与 B 口理想隔离条件是此网络的 $y_{21} = 0$。

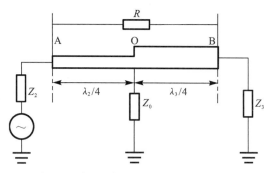

图 3.8 端口 2 和端口 3 隔离等效电路图

串联电阻的归一化导纳矩阵为

$$[y]_R = \begin{bmatrix} Z_2/R & -\sqrt{Z_2 Z_3}/R \\ -\sqrt{Z_2 Z_3}/R & Z_3/R \end{bmatrix} \qquad (3.30)$$

对 T 形网络,由于是三个单元的级联,所以先求其 $ABCD$ 矩阵,再求 Y 矩阵。三个单元的级联 $ABCD$ 矩阵为

$$[a_T]=[a_1]_{\lambda_2/4}[a]_{Z_0}[a_2]_{\lambda_3/4} \tag{3.31}$$

式中:

$$[a_1]=\begin{bmatrix} 0 & \mathrm{j}\sqrt{\dfrac{Z_{02}}{Z_2}} \\ \mathrm{j}\sqrt{\dfrac{Z_2}{Z_{02}}} & 0 \end{bmatrix}, [a]_{Z_0}=\begin{bmatrix} \sqrt{\dfrac{Z_{03}}{Z_{02}}} & 0 \\ \sqrt{\dfrac{Z_{02}Z_{03}}{Z_0}} & \sqrt{\dfrac{Z_{02}}{Z_{03}}} \end{bmatrix}, [a_2]=\begin{bmatrix} 0 & \mathrm{j}\sqrt{\dfrac{Z_{03}}{Z_3}} \\ \mathrm{j}\sqrt{\dfrac{Z_3}{Z_{03}}} & 0 \end{bmatrix}$$

整理得

$$[a]_T=\begin{bmatrix} -\dfrac{Z_{02}}{Z_{03}}\sqrt{\dfrac{Z_3}{Z_2}} & -\dfrac{Z_{02}Z_{03}}{Z_0\sqrt{Z_2Z_3}} \\ 0 & -\dfrac{Z_{03}}{Z_{02}}\sqrt{\dfrac{Z_2}{Z_3}} \end{bmatrix} \tag{3.32}$$

要求 $y_{21}=(y_{21})_R+(y_{21})_T=0$,而

$$(y_{21})_R=-\frac{\sqrt{Z_2Z_3}}{R}, (y_{21})_T=-\frac{1}{b}=\frac{Z_0\sqrt{Z_2Z_3}}{Z_{02}Z_{03}}$$

所以,端口 2 和端口 3 间的电阻 R 为

$$R=\frac{1+K^2}{K}Z_0 \tag{3.33}$$

电阻 R 保证端口 2 和端口 3 间有良好隔离,故此电阻也称隔离电阻。

3.1.2 集总参数功分器

集总参数功分器由集总参数器件电阻、电容及电感构成,一般有电阻式和 L-C 式两种类型。这里先介绍电阻式功分器,L-C 式功分器在耦合器部分介绍。

电阻式功分器仅由电阻构成,按结构可分成 Δ 形功分器及 Y 形功分器,如图 3.9 所示。

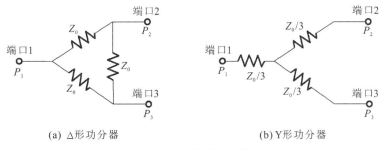

(a) Δ形功分器　　　　　　　　(b) Y形功分器

图 3.9　电阻式功分器

图 3.9 中 Z_0 是端接电路特性阻抗。这种电路的优点是频宽大、布线面积小、结构简单,缺点是功率衰减较大(6dB)。

下面以 Y 形电阻式二等分功分器为例,分析其功分特性。电路如图 3.10 所示,图中端

口 2、端口 3 接上了匹配负载 Z_0。由电路关系可知，V_1、V_2 与 V_O 的关系分别为

$$V_O = \frac{2}{3}V_1 , V_2 = V_3 = \frac{3}{4}V_O$$

故

$$V_2 = \frac{1}{2}V_1$$

$$20\lg V_2/V_1 = -6\text{dB}$$

上式说明端口 2 得到的功率除了 3dB 的分配损耗外，还有插入损耗，总插入损耗为 3dB。插入损耗大是电阻式功分器的缺点。

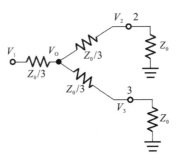

图 3.10　Y 形电阻式二等分功分器功分特性电路

3.2　功率耦合器

在射频微波领域有很多需要按一定相位和功率关系分配功率的场合，如发射机、接收机工作状态监视，定向耦合器可以实现这一目的。定向耦合器是四端口网络结构，如图 3.11 所示。信号输入端 1 的功率为 P_1，信号传输端 2 的功率为 P_2，信号耦合端 3 的功率为 P_3，信号隔离端 4 的功率为 P_4。

图 3.11　定向耦合器结构示意图

定向耦合器的技术指标包括工作频带、插入损耗、耦合度、隔离度及方向性等。

工作频带是指满足设计指标定向耦合器的工作频率范围。定向耦合器的功能实现主要依靠波程相位的关系，也就是说与频率有关。

插入损耗指主路输出端和主路输入端的功率比值，包括耦合损耗和导体介质热损耗。若已知耦合器的 S 参量，插入损耗可表示为

$$T(\text{dB}) = -10 \cdot \lg \left| \frac{P_2}{P_1} \right| = 10 \cdot \lg \frac{1}{|S_{21}|^2} \tag{3.34}$$

耦合度描述耦合输出端口与主路输入端口的比例关系。耦合度的大小由定向耦合器的用途决定。其计算公式为

$$C(\text{dB}) = -10 \cdot \lg \left| \frac{P_3}{P_1} \right| = 10 \cdot \lg \frac{1}{|S_{31}|^2} \tag{3.35}$$

隔离度描述主路输入端口与耦合支路隔离端口的比例关系。理想情况下,隔离度为无限大。其计算公式为

$$I(\text{dB}) = -10 \cdot \lg \left| \frac{P_1}{P_1} \right| = 10 \cdot \lg \frac{1}{|S_{41}|^2} \tag{3.36}$$

方向性描述耦合输出端口与耦合支路隔离端口的比例关系。理想情况下,方向性为无限大。其计算公式为

$$D(\text{dB}) = 10 \cdot \lg \left| \frac{P_3}{P_1} \right| = 10 \cdot \lg \frac{1}{|S_{31}|^2} - 10 \cdot \lg \frac{1}{|S_{41}|^2} = C(\text{dB}) - I(\text{dB}) \tag{3.37}$$

3.2.1 分布参数定向耦合器

常用的分布参数定向耦合器有平行耦合线耦合器、分支线耦合器及混合环 180°耦合器三种。下面分别介绍。

1. 平行耦合线耦合器

平行耦合线实现功率耦合的原理是:由于电磁场相互作用,平行的两条传输线距离较小时,线间会产生功率耦合。

可以用带状线或微带线来实现平行耦合线定向耦合器。其中带状线有边缘耦合及宽边耦合两种形式,宽边耦合度可以设计得较大。图 3.12 是它们的结构示意图。

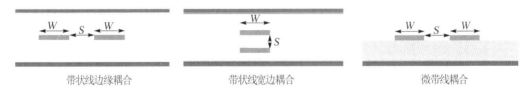

带状线边缘耦合   带状线宽边耦合   微带线耦合

图 3.12 几种平行耦合线结构图

与功分器类似,用奇偶模分析方法进行耦合器特性的理论分析。在图 3.13 中的结构图的端口 1 激励,分析其余各端口的响应电路图如图 3.13(b)所示。在电路图中,端口 2、端口 3、端口 4 分别端接匹配负载 Z_0,端口 1 用内阻 Z_0 电压 2V 的源激励。由奇偶模分析法可知,图 3.13(b)的响应为奇偶模电压分别激励响应之和。奇偶模分别激励模型电路如图 3.14 所示。

由对称性,对偶模激励有 $I_{1e} = I_{3e}$,$I_{4e} = I_{2e}$,$I_{1e} = I_{3e}$ 和 $I_{4e} = I_{2e}$;对奇模激励有 $I_{1o} = -I_{3o}$,$I_{4o} = -I_{2o}$,$V_{1o} = -V_{3o}$ 和 $V_{4o} = -V_{2o}$。仅于端口 1 激励时的输入阻抗可以表示为

$$Z_{\text{in}} = \frac{V_1}{I_1} = \frac{V_{1e} + V_{1o}}{I_{1e} + I_{1o}} \tag{3.38}$$

若 Z_{in}^e 为端口 1 偶模的输入阻抗,Z_{in}^o 为端口 1 奇模的输入阻抗,则

$$Z_{\text{in}}^e = Z_{0e} \frac{Z_0 + jZ_{0e}\tan\theta}{Z_{0e} + jZ_0\tan\theta} \tag{3.39}$$

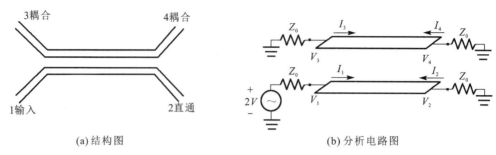

(a) 结构图   (b) 分析电路图

图 3.13　平行耦合线耦合器

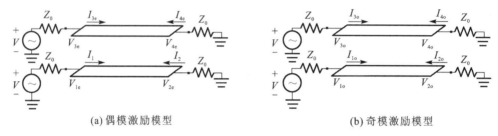

(a) 偶模激励模型   (b) 奇模激励模型

图 3.14　奇偶模分别激励模型电路

$$Z_{in}^{o}=Z_{0o}\frac{Z_0+jZ_{0o}\tan\theta}{Z_{0o}+jZ_0\tan\theta} \tag{3.40}$$

式中，Z_{0o}，Z_{0e} 分别是传输线奇偶模特性阻抗；$\theta=\beta l$，l 为线长度。由电路关系得

$$V_{1o}=V\frac{Z_{in}^{o}}{Z_{in}^{o}+Z_0},V_{1e}=V\frac{Z_{in}^{e}}{Z_{in}^{e}+Z_0},I_{1o}=\frac{V}{Z_{in}^{o}+Z_0},I_{1e}=\frac{V}{Z_{in}^{e}+Z_0} \tag{3.41}$$

故端口 1 激励时的输入阻抗可以表示为

$$Z_{in}=\frac{Z_{in}^{o}(Z_{in}^{e}+Z_0)+Z_{in}^{e}(Z_{in}^{o}+Z_0)}{Z_{in}^{e}+Z_{in}^{o}+2Z_0}=Z_0+\frac{2(Z_{in}^{e}Z_{in}^{o}-Z_0^2)}{Z_{in}^{e}+Z_{in}^{o}+2Z_0} \tag{3.42}$$

若有 $Z_{0e}Z_{0o}=Z_0^2$，则 $Z_{in}=Z_0$。此时端口 1 匹配，实际上由于对称性，其余各端口也是匹配的。

为了使各端口电压表示简洁，定义常数

$$C=(Z_{0e}-Z_{0o})/(Z_{0e}+Z_{0o}) \tag{3.43}$$

端口 3 的电压为

$$V_3=V_{3e}+V_{3o}=V_{1e}-V_{1o}=V[Z_{in}^{e}/(Z_{in}^{e}+Z_0)-Z_{in}^{o}/(Z_{in}^{o}+Z_0)] \tag{3.44}$$

将式(3.39)、式(3.40)代入式(3.44)，则

$$V_3=V\frac{j(Z_{0e}-Z_{0o})\tan\theta}{2Z_0+j(Z_{0e}+Z_{0o})\tan\theta} \tag{3.45}$$

同样可以求出端口 2 的电压为

$$V_2=V\frac{\sqrt{1-C^2}}{\sqrt{1-C^2}\cos\theta+j\sin\theta} \tag{3.46}$$

端口 4 的电压为

$$V_4 = V_{2e} - V_{2o}$$

式中，$V_{2e} = V \dfrac{Z_{in}^e}{(Z_0 + Z_{in}^e)(e^{j\theta} + \Gamma_e e^{-j\theta})}(1 + \Gamma_e)$；$V_{2o} = V \dfrac{Z_{in}^o}{(Z_0 + Z_{in}^o)(e^{j\theta} + \Gamma_o e^{-j\theta})}(1 + \Gamma_o)$；$\Gamma_e = \left(\dfrac{Z_0 - Z_{0e}}{Z_0 + Z_{0e}}\right)$；$\Gamma_o = \left(\dfrac{Z_0 - Z_{0o}}{Z_0 + Z_{0o}}\right)$。

若平行线长度为 $\lambda/4$，$\theta = \pi/2$，则

$$V_3 = CV, \quad V_2 = -j(1 - C^2)^{1/2}V, \quad V_4 = 0 \tag{3.47}$$

对于平行线耦合器，端口 4 称为隔离口，端口 2 称为直通口，端口 3 称为耦合口，耦合度 $C = (Z_{0e} - Z_{0o})/(Z_{0e} + Z_{0o})$。

此时端口 1 输入功率为 $|V|^2/(2Z_0)$，端口 2 直通功率为 $(1-C)^2|V|^2/(2Z_0)$，端口 3 耦合功率为 $C^2|V|^2/(2Z_0)$，能量守恒定律得到满足。

由上面的介绍可以得到平行线耦合器的设计步骤。对于给定的特性阻抗 Z_0 和电压耦合系数 C，用下面公式计算平行线的偶模和奇模特性阻抗，即

$$Z_{0e} = Z_0\sqrt{\dfrac{1+C}{1-C}}, \quad Z_{0o} = Z_0\sqrt{\dfrac{1-C}{1+C}} \tag{3.48}$$

编程或由辅助设计软件得到对应于偶模和奇模特性阻抗的带状线或微带线尺寸。

要指出的是，用带状线实现的平行线定向耦合器性能较好，但若用微带线结构实现，则由于微带线是准 TEM 模，其奇偶模的相速度不等，其性能（尤其是方向性）变差。

例 3.2　设计工作在 2.4GHz 的 $-10\mathrm{dB}$ 平行线定向耦合器。特性阻抗为 50Ω。使用的板材参数为相对介电常数 $\varepsilon_r = 4.25$，介质厚度 $h = 1.45\mathrm{mm}$，敷铜厚度 $t = 0.035\mathrm{mm}$。

解　由辅助设计软件可以得到微带线各尺寸为 $W = 2.3\mathrm{mm}$，$L = 17.9\mathrm{mm}$，$S = 0.3\mathrm{mm}$。由各口电压表达式可得到频率响应曲线，图 3.15(a)、(b) 分别是耦合口和直通口的响应曲线。

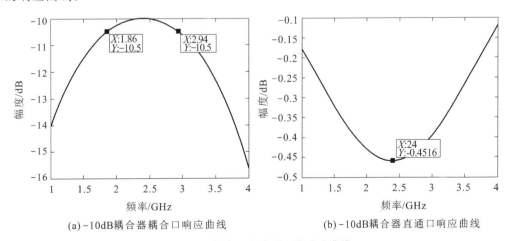

(a)$-10\mathrm{dB}$耦合器耦合口响应曲线　　(b)$-10\mathrm{dB}$耦合器直通口响应曲线

图 3.15　耦合口和直通口的响应曲线

2. 分支线耦合器

分支线耦合器在射频微波集成电路中有广泛用途,尤其是功率等分的 3dB 耦合器,其结构如图 3.16 所示。口型结构的 4 条传输线在中心频率上是四分之一波长。上下两条主线的特性阻抗为 $Z_0/\sqrt{2}$,左右两条支线的阻抗为 Z_0。改变主线和支线阻抗可以得到其他的耦合度。若各个端口接匹配负载,则信号从端口 1 输入,端口 4 没有输出,为隔离口,端口 2 和端口 3 相差 90°,故也称为分支线 90°耦合器。

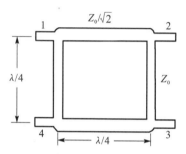

图 3.16　3dB 分支线 90°耦合器

同样用奇偶模方法分析分支线耦合器性能。端口 1 激励的分支线耦合器的电路如图 3.17 所示。

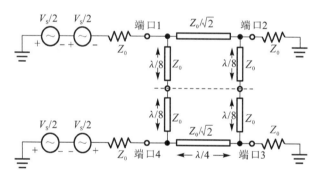

图 3.17　3dB 分支线 90°耦合器

下面讨论奇模和偶模分别激励时的响应。偶模和奇模分别激励时的电路模型可以简化为图 3.18 所示电路。

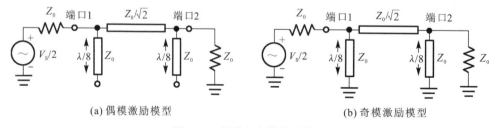

图 3.18　偶模和奇模激励模型

不论奇模激励还是偶模激励,端口 1 与端口 2 间是 π 型网络的级联,两端口间有

$$\begin{Bmatrix} V_{U1} \\ I_{U1} \end{Bmatrix} = \begin{bmatrix} 1 & 0 \\ jY_{e,o} & 1 \end{bmatrix} \begin{bmatrix} \cos(\beta l) & jY_A^{-1}\sin(\beta l) \\ jY_A\sin(\beta l) & \cos(\beta l) \end{bmatrix} \begin{bmatrix} 1 & 0 \\ jY_{e,o} & 1 \end{bmatrix} \begin{Bmatrix} V_{U2} \\ -I_{U2} \end{Bmatrix} = \begin{bmatrix} a & b \\ c & d \end{bmatrix} \begin{Bmatrix} V_{U2} \\ -I_{U2} \end{Bmatrix}$$

式中,$Y_e = Y^{oe} = \dfrac{1}{Z_0}\tan(\beta l)$;$Y_o = Y^{se} = \dfrac{-1}{Z_0}\cot(\beta l)$。奇模及偶模激励时的 $abcd$ 分别为

$$\begin{bmatrix} a_e & b_e \\ c_e & d_e \end{bmatrix} = \begin{bmatrix} 1 & 0 \\ j\tan(\beta l/2) & 1 \end{bmatrix} \begin{bmatrix} \cos(\beta l) & j\sin(\beta l)/\sqrt{2} \\ j\sqrt{2}\sin(\beta l) & \cos(\beta l) \end{bmatrix} \begin{bmatrix} 1 & 0 \\ j\tan(\beta l/2) & 1 \end{bmatrix} \tag{3.49}$$

$$\begin{bmatrix} a_o & b_o \\ c_o & d_o \end{bmatrix} = \begin{bmatrix} 1 & 0 \\ 1/j\tan(\beta l/2) & 1 \end{bmatrix} \begin{bmatrix} \cos(\beta l) & j\sin(\beta l)/\sqrt{2} \\ j\sqrt{2}\sin(\beta l) & \cos(\beta l) \end{bmatrix} \begin{bmatrix} 1 & 0 \\ 1/j\tan(\beta l/2) & 1 \end{bmatrix}$$
$$\tag{3.50}$$

由网络的参量间关系可得此级联网络的奇模与偶模的传输系数及反射系数为

$$T_e = \frac{2}{a_e + b_e + c_e + d_e},\quad T_o = \frac{2}{a_o + b_o + c_o + d_o}$$

$$\Gamma_e = \frac{a_e + b_e - c_e - d_e}{a_e + b_e + c_e + d_e},\quad \Gamma_o = \frac{a_o + b_o - c_o - d_o}{a_o + b_o + c_o + d_o}$$

要得到各口响应,可以画出奇模激励与偶模激励时的等效电路图,如图 3.19 所示。图中端口号用①、②、③和④来标识,以区别图中传输线的归一化阻抗值。

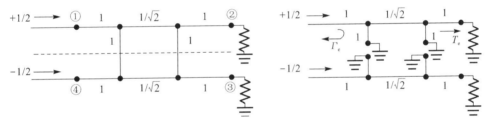

(a) 奇模激励模型及其等效电路图

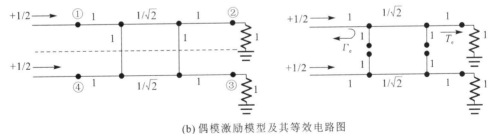

(b) 偶模激励模型及其等效电路图

图 3.19 奇模与偶模激励时的等效电路图

由图 3.19 可以很容易得到端口①激励时端口②、③、④的响应:

$$S_{11} = (\Gamma_e + \Gamma_o)/2 \tag{3.51a}$$

$$S_{21} = (T_e + T_o)/2 \tag{3.51b}$$

$$S_{31} = (T_e - T_o)/2 \tag{3.51c}$$

$$S_{41} = (\Gamma_e - \Gamma_o)/2 \tag{3.51d}$$

当 $\theta = \beta l = \pi/2$，即频率为中心频率时，计算可得

$$S_{11} = 0, S_{21} = -j/\sqrt{2}, S_{31} = -1/\sqrt{2}, S_{41} = 0 \tag{3.52}$$

故图 3.16 所示的 3dB 分支线耦合器将端口 1 的输入功率平均分配给端口 2 和端口 3，端口 2 和端口 3 间的信号有 90° 相移，端口 4 为隔离口。

例 3.3 设计工作在 2.4GHz 的 3dB 分支线耦合器。特性阻抗 50Ω。使用的板材参数为相对介电常数 $\varepsilon_r = 4.25$，介质厚度 $h = 1.45\text{mm}$，敷铜厚度 $t = 0.035\text{mm}$。

解 由前面可以看到，分支线耦合器中的传输线特性阻抗分别为 50Ω 及 50/1.414Ω，长度为 $\lambda/4$。由辅助软件可得到线的尺寸如表 3.1 所示。

表 3.1 线的尺寸

特性阻抗/Ω	宽度 W/mm	长度 L/mm
50	2.8	17.3
50/1.414	4.8	16.9

由式(3.51)可计算得到该功分器的 S_{21}、S_{31} 频率响应曲线如图 3.20 所示。

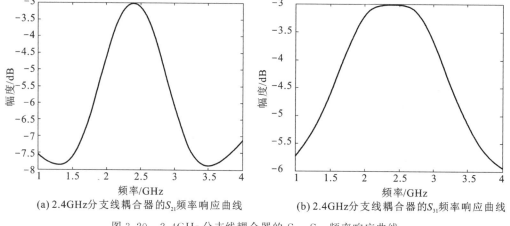

(a) 2.4GHz 分支线耦合器的 S_{21} 频率响应曲线　　(b) 2.4GHz 分支线耦合器的 S_{31} 频率响应曲线

图 3.20 2.4GHz 分支线耦合器的 S_{21}、S_{31} 频率响应曲线

3. 混合环 180° 耦合器

混合环 180° 耦合器尺寸如图 3.21 所示。其环线总长度为 $6\lambda/4$，特性阻抗为 $\sqrt{2}Z_0$，端口 2 与端口 1、端口 1 与端口 3 及端口 3 与端口 4 的间距均为 $\lambda/4$，特性阻抗为 Z_0。

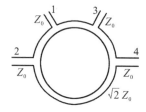

图 3.21 混合环 180° 耦合器

在中心频率处,若端口 1 输入功率,则功率被均分给端口 2 和端口 3,且相位相同,端口 4 为隔离口;若端口 4 输入功率,则功率同样被均分给端口 2 和端口 3,但有 180° 相位差,端口 1 为隔离口。

若在端口 2 和端口 3 输入功率,则端口 1 为输入信号之和,端口 4 为输入信号之差。故当用于功率合成时,端口 1 和端口 4 分别称为和口和差口。

同样可以用奇偶模方法来分析一个端口激励时其他端口的频率响应特性,这里请读者自己分析。

3.2.2 集总参数定向耦合器

常用的集总参数定向耦合器是电感、电容组成的分支线耦合器。基本结构有两种:低通 L-C 型和高通 L-C 型,如图 3.22 所示。从图中可以看到,主路是电感时为低通型,主路是电容时为高通型。

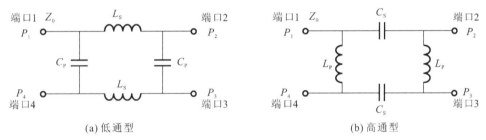

(a) 低通型　　　　　　　　　　　　　(b) 高通型

图 3.22 集总参数分支线耦合器

不论是低通型耦合器还是高通型耦合器,其特性与分布参数分支线耦合器的耦合特性一致,即若端口 1 输入功率,则端口 4 为隔离口,端口 2 和端口 3 输出功率。功率在端口 2 和端口 3 可以等分,也可以按比例分配。

同样可以用奇偶模方法对集总参数分支线耦合器进行理论分析,但这里直接给出设计公式。若给定耦合度为 C,中心频率为 f_c,端口负载为 Z_0,则低通 L-C 型定向耦合器设计公式为

$$L_S = \frac{Z_{0S}}{2\pi f_c}, C_P = \frac{1}{2\pi f_c Z_{0P}} \tag{3.53}$$

高通 L-C 型定向耦合器的设计公式为

$$C_S = \frac{1}{2\pi f_c Z_{0S}}, L_P = \frac{Z_{0P}}{2\pi f_c} \tag{3.54}$$

式中,$Z_{0S} = Z_0 \sqrt{1-K}$;$Z_{0P} = Z_0 \sqrt{\dfrac{1-K}{K}}$;$K = 10^{C/10}$。

例 3.4 设计一个工作频率为 400MHz 的 10dB 的低通 L-C 型耦合器。$Z_0 = 50\Omega$。

解 已知 $C = -10\text{dB}$,$f_c = 400\text{MHz}$,$Z_0 = 50\Omega$,由式(3.53)得

$$K = 10^{C/10} = 0.1$$

$$Z_{0S} = Z_0 \sqrt{|1-K|} = 47.43\Omega$$

$$Z_{0P}=Z_0\sqrt{\frac{1-K}{K}}=150\Omega$$

$$C_S=\frac{1}{2\pi f_c Z_{0P}}=2.65\text{pF}$$

$$L_P=\frac{Z_{0S}}{2\pi f_c}=18.9\text{nH}$$

3.2.3 集总参数 L-C 式功分器

集总参数功分器一般有电阻式功分器和 L-C 式功分器两种类型。电阻式功分器损耗大,而 L-C 式功分器基本无损耗。

集总参数 L-C 式功分器由 3.2.2 节所述的集总参数定向耦合器演变而来。其结构如图 3.23 所示。从图中可以看出,该功分器是在耦合器的隔离端口接匹配负载构成的。对于等功率功分器,低通型和高通型功分器的设计公式分别是

$$L_S=\frac{Z_0}{\sqrt{2}\omega_0},C_P=\frac{1}{\omega_0 Z_0} \tag{3.55}$$

$$L_P=\frac{Z_0}{\omega_0},C_S=\frac{\sqrt{2}}{\omega_0 Z_0} \tag{3.56}$$

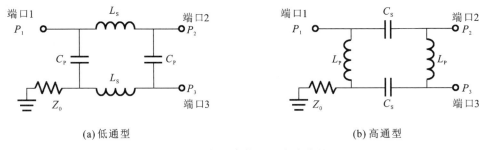

图 3.23 集总参数 L-C 式功分器

对于比例功分器,假定一个支路端口与主路端口的功率比为 k,式(3.53)和式(3.54)分别是低通型及高通型设计公式。

例 3.5 设计一个 $f_0=750\text{MHz}$, $Z_0=50\Omega$, $k=0.1$ 的低通 L-C 型功分器。

解

$$Z_S=47.4\Omega \rightarrow L_S=10.065\text{nH} \quad 选定 \quad L_S=10\text{nH}$$

$$Z_P=150\Omega \rightarrow C_P=1.415\text{pF} \quad 选定 \quad C_P=1.4\text{pF}$$

习　题

1. 推导 Wilkinson 等功分器的 S_{11} 及 S_{32} 频率响应表达式,编程画出功分器例中的频率响应曲线。

2. 设计耦合度为 -10dB、频率为 2.4GHz 的平行线定向耦合器。特性阻抗为 50Ω,所使

用的板材参数为相对介电常数 $\varepsilon_r = 4.25$，介质厚度 $h = 1.45\mathrm{mm}$，敷铜厚度 $t = 0.035\mathrm{mm}$。编程画出 S_{11} 和 S_{41} 频率响应曲线。

3.设计 3dB 的分支线耦合器。特性阻抗为 50Ω，所使用的板材参数为相对介电常数 $\varepsilon_r = 4.25$，介质厚度 $h = 1.45\mathrm{mm}$，敷铜厚度 $t = 0.035\mathrm{mm}$。编程画出 S_{11} 和 S_{41} 频率响应曲线。

4.证明一段电长度小于 $180°$ 的传输线可用 π 型结构的分立器件来代替，而一段电长度大于 $180°$ 的传输线可用 T 型结构的分立器件来代替。然后设计一个分立器件的 $180°$ 混合环耦合器，并在仿真平台上对两者性能进行比较分析。(图 3.24)

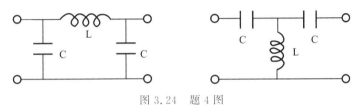

图 3.24　题 4 图

第4章 滤 波 器

滤波器与功分耦合器一样属于无源器件,在射频微波电路中起重要作用。在抗干扰系统及信道分隔设计中,滤波器是普遍采取的措施。

4.1 滤波器基本概念

按功能分类,有低通滤波器、高通滤波器、带通滤波器、带阻滤波器这四种,如图 4.1所示。

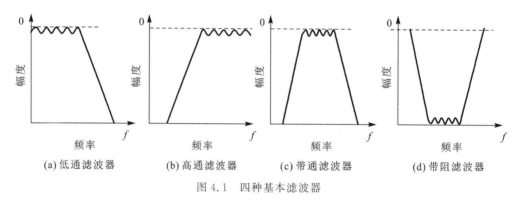

(a) 低通滤波器　　(b) 高通滤波器　　(c) 带通滤波器　　(d) 带阻滤波器

图 4.1 四种基本滤波器

按频率响应特性分类,滤波器有最平坦响应滤波器、等波纹响应滤波器、椭圆函数响应滤波器和线性相移响应滤波器。最平坦响应滤波器在通带内没有波纹,但在过渡带衰减慢。等波纹响应滤波器在通带内有一定波纹,但在过渡带可以实现较陡峭的衰减变化。椭圆函数响应滤波器在通带及阻带内均有波纹,从而实现通带与阻带间陡峭的过渡带衰减。图 4.2是三类低通滤波器的衰减曲线示意图。

前面三种滤波器的响应曲线是幅度曲线,线性相移响应滤波器的相位频率响应是线性的,应用于相位敏感的场合。

滤波器的基本参数包括插入损耗 IL、工作带宽 BW、带内波纹 R_p、阻带抑制、矩形系数 SF 及品质因子 Q 等,如图 4.3 所示。

插入损耗 IL:由阻抗不匹配及滤波器内部损耗导致。若将滤波器视为一个二端口网络,则其插入损耗的数学表达式为

$$IL = -20lg|S_{21}|$$

工作带宽 BW 是滤波器的通带频率范围。一般指衰减 3dB 时所测得的频率范围。图 4.3 中所示为 $[f_{Lp}, f_{Hp}]$。

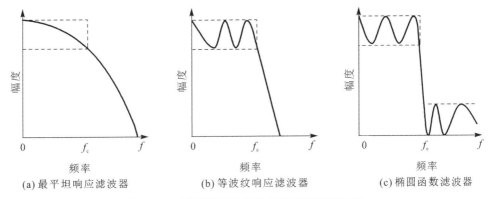

(a) 最平坦响应滤波器　　(b) 等波纹响应滤波器　　(c) 椭圆函数滤波器

图 4.2　三类低通滤波器的幅度-频率响应特性

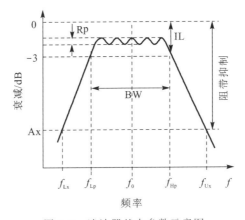

图 4.3　滤波器基本参数示意图

带内波纹 Rp 描述通带内响应的平坦度。

阻带抑制:阻带所要求的最小衰减 Ax。

矩形系数 SF 描述滤波器在截止频率附近响应曲线变化的陡峭程度,定义为 60dB 带宽与 3dB 带宽的比值。图 4.3 中 Ax 若为 60,则矩形系数为

$$SF = (f_{Ux} - f_{Lx})/(f_{Hp} - f_{Lp})$$

品质因子 Q 是描述滤波器频率选择性的另一个参数,可表示为

$$Q = f_0/BW$$

式中,f_0 为中心频率。

4.2　集总参数滤波器

在滤波器设计中,一般先设计低通原型滤波器,然后进行阻抗及频率变换得到所需要的实际滤波器。所谓低通原型滤波器就是截止频率为 1 的低通滤波器,从低通原型滤波器出发得到实际滤波器的设计思路可以大量简化滤波器的设计。

4.2.1 低通原型滤波器设计

低通原型滤波器的结构如图 4.4 所示。

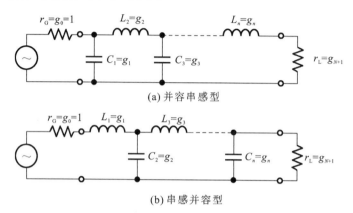

(a) 并容串感型

(b) 串感并容型

图 4.4　低通原型滤波器的结构示意图

电路中的元件编号从信号源的内阻 g_0 到负载 g_{N+1}，信号源内阻为 1。图 4.4(a)、(b) 两种结构给出同样的响应。滤波器设计的任务是确定 g_1 到 g_{N+1} 取值。微波网络综合法可用来设计滤波器，此时整个滤波器看成多级二端口网络的级联，这些二端口网络是串联电感并联电容。由微波网络理论，整个级联网络的总转移参量矩阵 $[A]$ 由各二端口网络转移参量矩阵连乘得到，即

$$[A] = [A]_1 [A]_2 \cdots [A]_N \tag{4.1}$$

若 $[A]$ 的 4 个元素为 a、b、c、d，则网络输入端的输入阻抗及反射系数为

$$Z_{\mathrm{in}} = \frac{a r_L + b}{c r_L + d}, \quad \Gamma = \frac{Z_{\mathrm{in}} - 1}{Z_{\mathrm{in}} + 1} \tag{4.2}$$

得到网络的衰减函数为

$$\mathrm{IL} = \frac{1}{1 - |\Gamma|^2} = \frac{|Z_{\mathrm{in}} + 1|^2}{2(Z_{\mathrm{in}} + Z_{\mathrm{in}}^*)} \tag{4.3}$$

使衰减函数满足指定响应就可以确定各元件的取值。

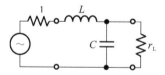

图 4.5　二阶低通原型滤波器

对于图 4.5 所示 $N=2$ 的低通原型滤波器，可得此电路的衰减响应为

$$\mathrm{IL} = 1 + [(1-R)^2 + (C^2 R^2 + L^2 - 2LCR^2)\omega^2 + L^2 C^2 R^2 \omega^4] / 4R \tag{4.4}$$

最平坦响应为 $\mathrm{IL} = 1 + \omega^4$，与式(4.4)对比得

$$R = 1 = g_3, \quad L = C = \sqrt{2} = g_1 = g_2$$

等波纹响应为 $\text{IL}=1+(2\omega^2-1)^2$，与上式对比得

$$R=5.81=g_3,L=3.1=g_1,C=0.53=g_2$$

原则上，可求任意 N 阶低通原型滤波器的器件参数值。但工程应用时，N 过大不实际。对于最平坦响应的低通原型滤波器，$1\sim 10$ 阶滤波器的参数值列于表 4.1。

表 4.1　最平坦响应低通原型元件参数($N=1$，$2,\cdots,10$)

N	g_1	g_2	g_3	g_4	g_5	g_6	g_7	g_8	g_9	g_{10}	g_{11}
1	2.000	1.000									
2	1.414	1.414	1.000								
3	1.000	2.000	1.000	1.000							
4	0.7654	1.848	1.848	0.7654	1.000						
5	0.6180	1.618	2.000	1.618	0.618	1.000					
6	0.5176	1.414	1.932	1.932	1.414	0.5176	1.000				
7	0.4450	1.247	1.802	2.000	1.802	1.247	0.4450	1.000			
8	0.3902	1.111	1.663	1.962	1.962	1.663	1.111	0.3902	1.000		
9	0.3473	1.000	1.532	1.879	2.000	1.879	1.532	1.000	0.3473	1.000	
10	0.3129	0.908	1.414	1.782	1.975	1.975	1.782	1.414	0.908	0.3129	1.000

滤波器阶数 N 不同，衰减曲线也不同。图 4.6 是最平坦响应的低通原型滤波器至 15 阶时的衰减曲线，从图中可以看出，阶数越大，带外衰减越快。在设计最平坦响应滤波器时，先由滤波器技术参数(尤其是带外抑制)确定阶数 N，再查表 4.1 得到低通原型参数后进行后续设计。

实际上，对于给定的技术参数，最平坦响应滤波器的阶数 N 可表示为

$$N\geqslant 0.5\cdot\lg\left[\frac{10^{\text{Ax}/10}-1}{10^{\text{Ap}/10}-1}\right]\bigg/\lg\left[\frac{f_x}{f_c}\right] \tag{4.5}$$

式中，Ap 和 Ax 分别是在通带截止频率 f_c 处和阻带 f_x 处所要求的 dB 衰减值。低通原型中的元件参数可由式(4.0)计算，即

$$g_K=2\sin\frac{(2K-1)\pi}{2N}\quad(K=1,2,\cdots,N) \tag{4.6}$$

对于等波纹响应低通原型滤波器，同样可以通过衰减曲线确定滤波器阶数。图 4.7 所示为带内波纹分别是 3dB 和 0.5dB 时的衰减特性曲线。从图 4.7(a)、(b)对比可以看到带内波纹值不同，滤波器阶数也会不同。带内波纹的变化会导致元件参数不同，有时没有相应列表，通过查表得到元件参数值不太方便。

若给定技术参数，则等波纹响应阶数 N 可由式(4.7)计算，即

$$N\geqslant\text{arccos}h\left[\frac{1-\text{Mag}^2}{\text{Mag}^2\times\varepsilon^2}\right]\bigg/\text{arccos}h\left[\frac{f_x}{f_c}\right] \tag{4.7}$$

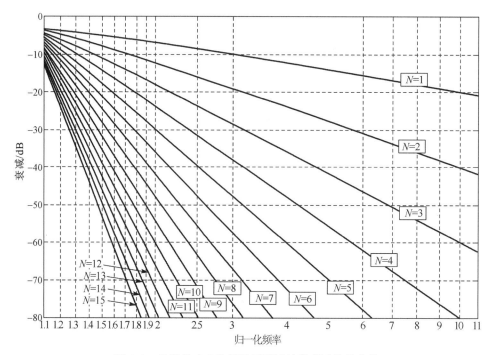

图 4.6　最平坦响应的低通原型滤波器衰减特性曲线

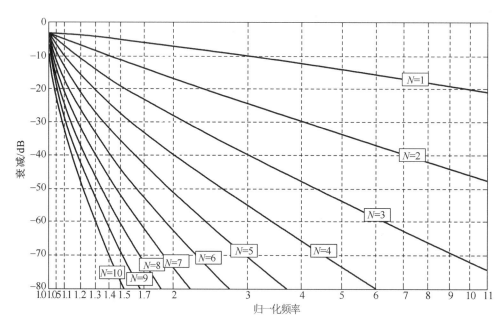

(a) 波纹为3dB的切比雪夫滤波器衰减特性

图 4.7　等波纹滤波器衰减特性曲线

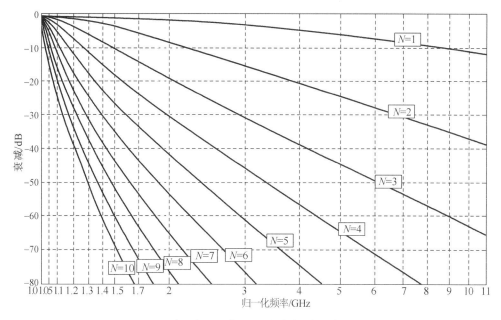

(b) 波纹为0.5dB的切比雪夫滤波器衰减特性

续图 4.7

式中 $\mathrm{Mag}^2=10^{-Ax/10}$；$\varepsilon^2=10^{Rp/10}-1$。相应的元件参数值计算公式为

$$g_1=\frac{2A_1\alpha}{\gamma},\alpha=\cosh\left\{\frac{1}{N}\operatorname{arccosh}^{-1}\left(\frac{1}{\varepsilon}\right)\right\},\gamma=\sinh\frac{\beta}{2N},\beta=\ln\left(\coth\frac{Rp}{17.37}\right)$$

$$g_K=\frac{4A_{K-1}A_K\alpha^2}{g_{K-1}B_{K-1}},A_K=\sin\frac{(2K-1)\pi}{2N},B_K=\gamma^2+\sin^2\frac{K\pi}{N},K=1,2,\cdots,N;$$

$$g_{N+1}=1,\quad N \text{ 为奇数};\qquad g_{N+1}=\coth^2(\beta/4),\qquad N \text{ 为偶数} \qquad (4.8)$$

对于线性相位响应低通原型滤波器,因为转移参量的相位不像幅度那样有较简单的表达式,器件参数求解更复杂。1 阶至 10 阶的滤波器参数值列于表 4.2。

表 4.2　线性相位响应低通原型元件参数（$N=1,2,\cdots,10$）

N	g_1	g_2	g_3	g_4	g_5	g_6	g_7	g_8	g_9	g_{10}	g_{11}
1	2.000	1.0000									
2	1.5774	0.4226	1.0000								
3	1.255	0.5528	0.1922	1.0000							
4	1.0598	0.5116	0.3181	0.1104	1.0000						
5	0.9303	0.4577	0.3312	0.2090	0.0718	1.0000					
6	0.8377	0.4116	0.3158	0.2364	0.1480	0.0505	1.0000				
7	0.7677	0.3744	0.2944	0.2378	0.1778	0.1104	0.0375	1.0000			

续表

N	g_1	g_2	g_3	g_4	g_5	g_6	g_7	g_8	g_9	g_{10}	g_{11}
8	0.7125	0.3446	0.2735	0.2297	0.1867	0.1387	0.0855	0.0289	1.000		
9	0.6678	0.3203	0.2547	0.2184	0.1859	0.1506	0.1111	0.0682	0.0230	1.0000	
10	0.6305	0.3002	0.2384	0.2066	0.1808	0.1539	0.1240	0.0911	0.0557	0.0187	1.0000

椭圆函数低通原型滤波器结构与上面几种略有不同。图4.8是其两种结构形式。

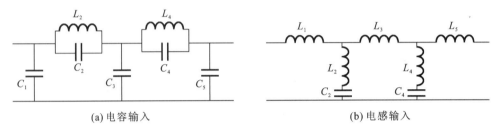

(a) 电容输入　　　　　　　　　　(b) 电感输入

图 4.8　椭圆函数低通原型滤波器结构

由滤波器的带内波纹 L_{Ar}(dB)及阻带频率为 ω_s 处衰减 L_{As}(dB)等设计指标,可以得到上述原型电路的元件参数,其数学计算比较烦琐。现已有图表供设计此类滤波器时查用。$N=5$ 带内波纹为 $L_{Ar}=0.1$dB 的元件参数列于表4.3。

表 4.3　$N=5$ 带内波纹 $L_{Ar}=0.1$dB 元件参数表

ω_s	L_{Ar}/dB	C_1	C_2	L_2	C_3	C_4	L_4	C_5
1.309	35	0.977	0.2300	1.139	1.488	0.742	0.704	0.701
1.414	40	1.010	0.1770	1.193	1.586	0.530	0.875	0.766
1.540	45	1.032	0.1400	1.228	1.657	0.401	0.964	0.836
1.690	50	1.044	0.1178	1.180	1.726	0.283	1.100	0.885
		L_1	L_2	C_2	L_3	L_4	C_4	L_5

表4.3中的参数适用于图4.8所示的两种结构,两种结构给出相同的响应曲线。

4.2.2　实际滤波器设计

4.2.1节的低通原型滤波器通过适当的阻抗及频率变换就可以得到所需要的实际滤波器,包括低通滤波器、高通滤波器、带通滤波器、带阻滤波器。

1.阻抗变换

若一个实际滤波器的源阻抗为 Z_0,低通原型滤波器的元件参数可以理解为对于 Z_0 的

归一化。这样反归一化即可得实际值为

$$R_S = 1 \cdot Z_0, R_L = g_{N+1} \cdot Z_0, L' = L \cdot Z_0, C' = C/Z_0 \tag{4.9}$$

很容易理解阻抗变换后的滤波器响应与低通原型滤波器相同。

1. 频率变换

阻抗变换后的低通原型滤波器通过恰当的频率变换可以得到实际的低通滤波器、高通滤波器、带通滤波器、带阻滤波器。为了清楚地看到频率变换,图 4.9(a)显示了低通原型滤波器在整个频率轴上的响应。

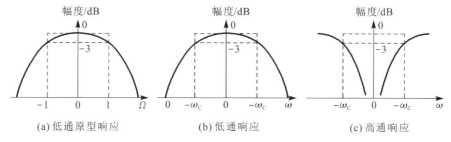

(a) 低通原型响应　　　　(b) 低通响应　　　　(c) 高通响应

图 4.9　低通原型到低通和高通滤波器的频率变换

对于低通滤波器,若要求其截止频率为 ω_c,则频率变换公式为

$$\omega = \Omega \omega_c \tag{4.10}$$

变换前电感 L' 及电容 C' 所提供的感抗、容纳分别为 $j\Omega L'$、$j\Omega C'$,变换后为

$$j\Omega L' = j(\omega/\omega_c)L' = j\omega(L'/\omega_c) = j\omega L''$$

$$j\Omega C' = j(\omega/\omega_c)C' = j\omega(C'/\omega_c) = j\omega C''$$

从上面两式可看出,用低通滤波器的截止频率 ω_c 去除 L'、C',即可得到新电感、电容分别为

$$L'' = L'/\omega_c, C'' = C'/\omega_c \tag{4.11}$$

用新的电感 L'' 及电容 C'' 替代经阻抗变换后的低通原型滤波器中的 L' 及 C',即实现了式(4.10)所表示的频率变换。这样原来截止频率为 1 的低通滤波器变为截止频率为 ω_c 的低通滤波器,如图 4.9(b)所示。

对于高通滤波器,若高通滤波器的截止频率为 ω_c,则其频率变换公式为

$$\omega = -\omega_c/\Omega \tag{4.12}$$

频率变换后电感 L' 及电容 C' 所提供的感抗、容纳分别为

$$j\Omega L' = -j(\omega_c/\omega)L' = 1/[j\omega/(\omega_c L')] = 1/[j\omega C'']$$

$$j\Omega C' = -j(\omega_c/\omega)C' = 1/[j\omega/(\omega_c C')] = 1/[j\omega L'']$$

从上面两式可看出,若用新电容 C'' 及电感 L''

$$C'' = 1/(\omega_c L'), L'' = 1/(\omega_c C') \tag{4.13}$$

分别替代经阻抗变换后的 L' 及 C'',即实现了式(4.12)所表示的频率变换。可以看到 $\omega = -$

ω_C 时,对应原来 $\Omega=1$ 时的情形;$\omega=\omega_\mathrm{C}$ 对应原来 $\Omega=-1$ 时的情形,而 $\omega=\infty$ 对应 $\Omega=0$ 时的情形。所以,此频率变换实现了低通原型到截止频率为 ω_C 的高通滤波器的变换,如图 4.9(c)所示。

对于带通滤波器,若上下边频率分别为 ω_U 及 ω_L,通带带宽为 $\mathrm{BW}=\omega_\mathrm{U}-\omega_\mathrm{L}$,取上下边频率的几何平均值为其中心频率 $\omega_0=(\omega_\mathrm{L}\omega_\mathrm{U})^{1/2}$,其频率变换公式为

$$\Omega=\frac{\omega_0}{\mathrm{BW}}\left(\frac{\omega}{\omega_0}-\frac{\omega_0}{\omega}\right) \tag{4.14}$$

先考察此变换的频率映射关系,当 $\omega=\omega_\mathrm{L}$ 时,$\Omega=-1$;当 $\omega=\omega_\mathrm{U}$ 时,$\Omega=1$;当 $\omega=\omega_0$ 时,$\Omega=0$,因此式(4.14)的频率变换将低通原型的通带区域 $\Omega=[-1,1]$ 映射到 $\omega=[\omega_\mathrm{L},\omega_\mathrm{U}]$ 区域。所以此频率变换实现了低通原型到带通滤波器的变换,如图 4.10(b)所示。

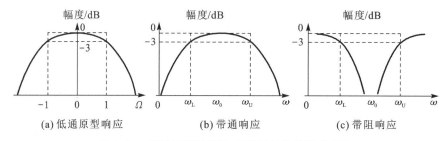

图 4.10 低通原型到带通、带阻滤波器的频率变换

与低通和高通类似,频率变换的实现要考察变换对感抗及容纳的影响,即

$$\mathrm{j}\Omega L'=\mathrm{j}\frac{\omega_0}{\mathrm{BW}}\left(\frac{\omega}{\omega_0}-\frac{\omega_0}{\omega}\right)L'=\mathrm{j}\frac{\omega}{\mathrm{BW}}L'-\mathrm{j}\frac{\omega_0^2}{\mathrm{BW}}\frac{1}{\omega}L'$$

参考低通及高通变换结果,易知需用电感 L'' 及电容 C'' 的串联替代 L',取值分别为

$$L''=L'/\mathrm{BW},\quad C''=\mathrm{BW}/(\omega_0^2L') \tag{4.15a}$$

同样处理可得,对于电容 C',需用电容 C'' 及电感 L'' 的并联来替代,取值分别为

$$C''=C'/\mathrm{BW},\quad L''=\mathrm{BW}/(\omega_0^2C') \tag{4.15b}$$

对于带阻滤波器,其频率变换公式为

$$\Omega=\left[\frac{\omega_0}{\mathrm{BW}}\left(\frac{\omega}{\omega_0}-\frac{\omega_0}{\omega}\right)\right]^{-1} \tag{4.16}$$

此变换能实现低通原型到带阻滤波器的变换,如图 4.10(c)所示。电感 L'' 及电容 C'' 的并联替代 L' 与电容 C'' 及电感 L'' 的串联替代 C' 即可实现式(4.16)的频率变换,替代 L' 的电感 L'' 及电容 C'' 取值为

$$L''=\mathrm{BW}L'/\omega_0^2,\quad C''=1/(L'\mathrm{BW}) \tag{4.17a}$$

替代 C' 的电容 C'' 及电感 L'' 取值为

$$C''=\mathrm{BW}C'/\omega_0^2,\quad L''=1/(C'\mathrm{BW}) \tag{4.17b}$$

表 4.4 归纳了低通原型滤波器至实际滤波器的变换关系。

表 4.4　低通原型滤波器至实际滤波器的变换 $(\omega_0=(\omega_L\omega_U)^{1/2},\ BW=\omega_U-\omega_L)$

低通原型	低通	高通	带通	带阻
$L=g_k$ (电感)	$\dfrac{L}{\omega_c}$ (电感)	$\dfrac{1}{\omega_c L}$ (电容)	$\dfrac{L}{BW}$　$\dfrac{BW}{\omega_0^2 L}$ (电感串电容)	$\dfrac{BWL}{\omega_0^2}$ 并 $\dfrac{1}{BWL}$
$C=g_k$ (电容)	$\dfrac{C}{\omega_c}$ (电容)	$\dfrac{1}{\omega_0^2 C}$ (电感)	$\dfrac{C}{BW}$　$\dfrac{BW}{\omega_0^2 C}$ (电容并电感)	$\dfrac{C}{BWC}$ 串 $\dfrac{BWC}{\omega_0^2}$

4.2.3　实际滤波器设计示例

实际滤波器的设计从滤波器的技术指标出发,首先计算出相应低通原型滤波器的阶数 N 及各器件的元件参数 g_k,再通过频率变换得到实际滤波器的元件参数。设计完成后,一般通过计算或者仿真软件得到所设计滤波器的幅度响应曲线,有的场合还需要知道相位响应曲线。下面通过一个例子说明实际滤波器设计过程。

例 4.1　设计一个系统特性阻抗为 50Ω,截止频率为 $75\mathrm{MHz}$ 的最平坦响应的低通滤波器,要求在 $100\mathrm{MHz}$ 处至少衰减 $20\mathrm{dB}$。给出 $0\sim100\mathrm{MHz}$ 的幅频和相频响应曲线,并与相同阶数的 $1\mathrm{dB}$ 等波纹和线性相移滤波器的响应曲线进行比较。

解　1.最平坦响应低通滤波器

(1)根据要求,需在 $100\mathrm{MHz}$ 处衰减 $20\mathrm{dB}$,查表可知,满足此要求的最平坦响应低通滤波器阶数 $N=9$。

(2)最大平滑原型低通滤波器参数如下。

g_1	g_2	g_3	g_4	g_5	g_6	g_7	g_8	g_9	g_{10}
0.3473	1	1.5321	1.8794	2	1.8794	1.5321	1	0.3473	1

（3）选用电阻输入型电路,经过阻抗和频率变换后的实际电感、电容值如下。

C_1	L_2	C_3	L_4	C_5	L_6	C_7	L_8	C_9
14.75pF	106.2nH	65.06pF	199.5nH	84.93pF	199.5nH	65.06pF	106.2nH	14.75pF

2.9 阶 1dB 等波纹低通滤波器

（1）经过计算,1dB 等波纹原型低通滤波器参数如下。

g_1	g_2	g_3	g_4	g_5	g_6	g_7	g_8	g_9
2.2022	1.1303	3.1549	1.2016	3.2089	1.2016	3.1549	1.1303	2.2022

（2）选用电阻输入型电路,经过阻抗和频率变换后的实际电感、电容值如下。

C_1	L_2	C_3	L_4	C_5	L_6	C_7	L_8	C_9
93.5pF	120nH	134pF	127.6nH	136.3pF	127.6nH	134pF	120nH	93.5pF

3.9 阶线性相移低通滤波器

（1）查表得线性相移原型低通滤波器参数如下。

g_1	g_2	g_3	g_4	g_5	g_6	g_7	g_8	g_9
0.6678	0.3203	0.2547	0.2184	0.1859	0.1506	0.1111	0.0682	0.023

（2）选用电阻输入型电路,经过阻抗和频率变换后的实际电感、电容值如下。

C_1	L_2	C_3	L_4	C_5	L_6	C_7	L_8	C_9
28.36pF	34nH	10.82pF	23.18nH	7.89pF	15.99nH	4.72pF	7.24nH	0.98pF

三种滤波器的幅频及相频特性如图 4.11 所示。从图中可以看到,切比雪夫滤波器过渡带幅频特性最陡峭,而线性相移滤波器的相位特性最好。

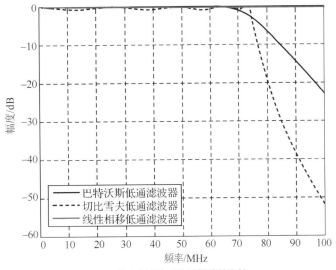

(a) 三种响应滤波器的幅频特性比较

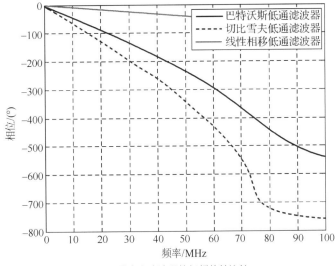

(b) 三种响应滤波器的相频特性比较

图 4.11　三种滤波器的幅频及相频特性

4.3　分布参数低通滤波器

在射频微波频率低段,集总参数的电容、电感元件能正常工作。但当频率增加时,基于集总参数概念的电路实现变得困难起来,必须用分布参数器件实现电路。这里先介绍 Richards 变换和 Kuroda 规则。

4.3.1 Richards 变换和 Kuroda 规则

如前所述,分布参数器件适用于射频微波电路的实现,而前面滤波器的设计是基于集总参数器件的。根据微波传输线理论,Richards 提出了一种变换来解决这一问题,即集总参数的电感、电容可以用一段短路或开路的传输线来等效。一段特性阻抗为 Z_0、长度为 l 的终端短路线的输入阻抗为

$$Z_{in} = jZ_0 \tan(\beta l) = jZ_0 \tan\theta \tag{4.18}$$

式中,β 是相移常数;θ 是此段传输线的电长度。若 l 小于四分之一波长,则此段传输线相当于集总参数的电感。若取 $l = \lambda_0/8$,则电长度 θ 表示为

$$\theta = \beta \frac{\lambda_0}{8} = \frac{\pi}{4} \frac{f}{f_0} = \frac{\pi}{4} \Omega \tag{4.19}$$

其输入阻抗为

$$Z_{in} = jZ_0 \tan\left(\frac{\pi}{4}\Omega\right) = SZ_0 \tag{4.20}$$

式中,$S = j\tan(\pi\Omega/4)$ 就是 Richards 变换。同样,一段长度 l 小于四分之一波长的终端开路线相当于集总参数的电容,其输入导纳为

$$Y_{in} = jY_0 \tan\left(\frac{\pi}{4}\Omega\right) = SY_0 \tag{4.21}$$

Richards 变换表明,用特性阻抗为 $Z_0 = L$ 的一段短路传输线可以代替滤波器中的电感;用特性导纳为 $Y_0 = C$ 的一段开路传输线可以代替电容。这是因为在 $\Omega = 1$ 处,它们提供相同的感抗或容纳。

传输线的长度可以不取 $\lambda_0/8$,但取 $\lambda_0/8$ 更方便,此时低通原型滤波器的截止频率点正好变为 f_0。当 $l = \lambda_0/8$ 时,由 Richards 变换可知,分布参数的传输线将集总参数的器件在 $[0,\infty)$ 频率区间的变化映射到 $[0,2f_0)$ 区间。在 $(2f_0,4f_0]$ 频率区间,代替电感的短路线相当于电容,代替电容的开路线相当于电感,所以此时的低通原型滤波器变换成在此频率区间截止频率为 $3f_0$ 的高通滤波器。频率再升高时,以 $4f_0$ 为周期重复 $[0,4f_0]$ 区间的响应。

Richards 变换不能最终解决分布参数滤波器的实现问题,因为串联短路线用分布参数电路结构无法实现。为解决这一问题,Kuroda 提出了传输线结构间相互等效的规则。根据等效规则,串联感抗可以用并联容抗来等效,而并联容抗可以很容易地用并联开路传输线实现。Kuroda 规则中涉及单位元件概念,单位元件就是一段传输线,其特性阻抗为 Z,电长度为 $\pi\Omega/4$。

表 4.5 列出了 Kuroda 规则中两个最常用的等效形式。将表 4.5 中的电路视为两端口网络,可以计算它们级联网络的转移矩阵来证明 Kuroda 规则的正确性。

表 4.5　Kuroda 规则($N = 1 + Z_2/Z_1$)

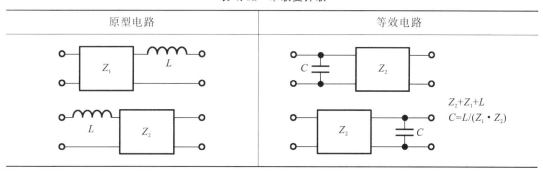

原型电路	等效电路

表 4.5 中原型与等效电路参数间的转换不太方便,在实际中一般采用下面的结构及公式,如表 4.6 所示。

表 4.6a　串联变并联

原型电路	等效电路

表 4.6b　并联变串联

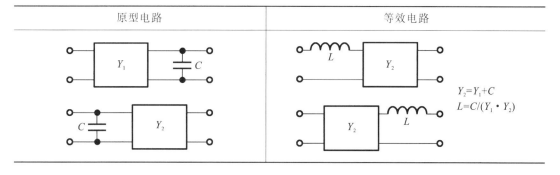

原型电路	等效电路

4.3.2　滤波器设计示例

利用上述 Richards 变换和 Kuroda 规则设计一个低通滤波器和一个带阻滤波器,分布参数器件用微带线实现。实际微带线低通滤波器的设计实现一般有以下几步。

步骤 1:根据滤波器性能要求选择适当的低通原型滤波器。

步骤 2：根据 Kuroda 规则将串联器件等效为并联器件。

步骤 3：利用 Richards 变换将微带线实现电路结构。

例 4.2 设计输入输出阻抗为 50Ω 的切比雪夫低通滤波器，其性能要求如下：截止频率为 2GHz；通带内波纹为 0.5dB；截止频率 2 倍处的衰减大于 40dB。微带基板的参数：介质材料的介电常数 $\varepsilon_r = 3.48$，介质材料厚度 $h = 0.5mm$，覆铜厚度 $t = 0.035mm$。

下面按上述 3 个步骤来进行设计。

步骤 1：查图 4.7(b)，满足性能要求的滤波器阶数应为 5，其归一化低通滤波器及各元件参数值如图 4.12 所示。

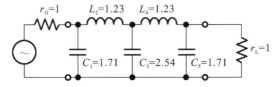

图 4.12　5 阶切比雪夫低通原型滤波器

如果用短路传输线替换图 4.12 中的电感，用开路线替换电容，得到图 4.13 所示的拓扑结构。图 4.13 所示的滤波器结构难以实现，故将其变换为可以实现的电路结构。

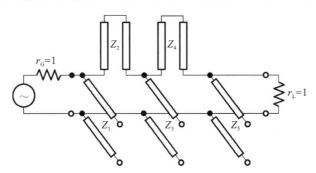

图 4.13　5 阶切比雪夫分布参数滤波器

步骤 2：为便于应用 Kuroda 规则，在滤波器两端各引入特性阻抗 $Z_{UE1} = 1$，$Z_{UE2} = 1$ 的单位元件，得到图 4.14 的拓扑结构。引入单位元件特性阻抗为 1，故对电路响应特性无影响。

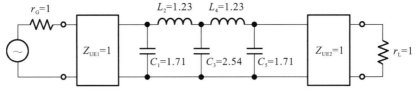

图 4.14　引入单位元件 Z_{UE1}、Z_{UE2}

观察图 4.14，对 Z_{UE1} 与 C_1 组合、C_5 与 Z_{UE2} 组合可以分别应用 Kuroda 规则，得到图 4.15 所示拓扑结构。此时 L_1，Z_{UE1}，Z_{UE2} 及 L_5 值分别为 0.63、0.37、0.37 及 0.63。

在图 4.15 中，再次在滤波器两端引入特性阻抗为 1 的单位元件 Z_{UE3}、Z_{UE4}，得到如图 4.16 所示结构。

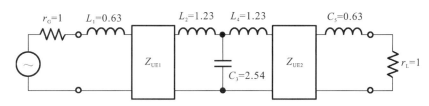

图 4.15　Kuroda 规则中并联电容的串联电感等效

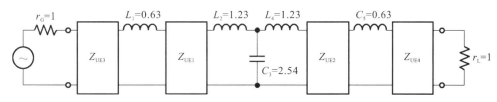

图 4.16　引入单位元件 Z_{UE3}、Z_{UE4}

对图 4.16 中的 Z_{UE3} 与 L_1 组合、Z_{UE1} 与 L_2 组合、L_4 与 Z_{UE2} 组合、L_5 与 Z_{UE4} 组合应用 Kuroda 规则,变换结果如图 4.17(a)所示。图中 $C_1 = 0.386$,$Z_{UE3} = 1.63$,$C_2 = 2.083$,Z_{UE1} $= 1.60$,$Z_{UE2} = 1.60$,$Z_1 = 2.083$,$Z_{UE4} = 1.63$,$Z_5 = 0.386$。

步骤 3:利用 Richards 变换将图 4.17(a)所示电路用传输线实现,如图 4.17(b)所示。

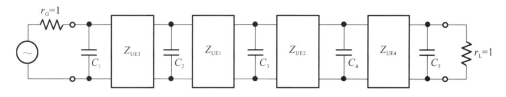

(a) Kuroda 规则中串联电感的关联电容等效

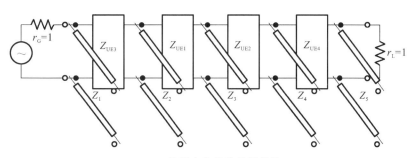

(b) 并联电容的传输线等效

图 4.17　结构可实现分布参数滤波器

以微带线形式最终实现包含三个方面的内容:一是将图 4.17(b)中的阻抗予以反归一化;二是根据给定微带基板参数确定各并联开路线及单位元件的导带宽度;三是由给定的导带宽度确定有效介电常数,进而确定各部件的实际长度。

图 4.18 是图 4.17 结果的微带线实现,表 4.7 是各段传输线的参数,包括特性阻抗、宽度及长度。

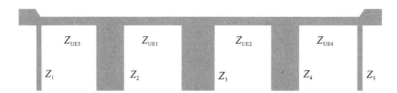

图 4.18 切比雪夫低通滤波器的微带线实现

表 4.7 图 4.18 中各段微带线的参数

	Z_1	Z_{UE3}	Z_2	Z_{UE1}	Z_3	Z_{UE2}	Z_4	Z_{UE4}	Z_5
特性阻抗/Ω	129	82	24	80	20	80	24	82	129
微带宽带/mm	0.10	0.42	3.13	0.44	3.94	0.44	3.13	0.42	0.10
微带长度/mm	12.2	11.8	10.8	11.8	10.7	11.8	10.8	11.8	12.2

上述设计结果的正确性可以通过求各段微带线转移矩阵的级联来验证。图 4.19 是计算的响应特性,可以看到,所设计的滤波器达到了指标要求。

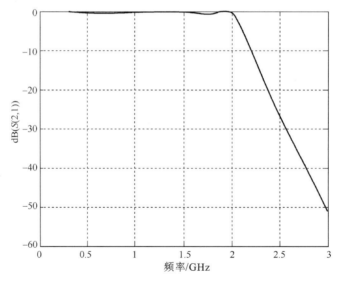

图 4.19 切比雪夫低通滤波器的响应曲线

利用 Richards 变换和 Kuroda 规则进行分布参数电路带阻滤波器设计与低通滤波器设计相比有两点需要注意:一是用 $\lambda_0/4$ 长的传输线代替 $\lambda_0/8$ 传输线,保证正切函数值在 f_0 处趋于无穷大,符合阻带设计要求;二是为了保证低通原型至带阻滤波器的频率变换关系,引入所谓的带宽系数 bf,即

$$\mathrm{bf}=\cot\left(\frac{\pi}{2}\frac{\omega_\mathrm{L}}{\omega_0}\right)=\cot\left[\frac{\pi}{2}\left(1-\frac{\mathrm{sbw}}{2}\right)\right] \tag{4.22}$$

式中,$\omega_0=(\omega_\mathrm{L}+\omega_\mathrm{U})/2$ 是中心频率;$\mathrm{sbw}=(\omega_\mathrm{U}-\omega_\mathrm{L})/\omega_0$ 是阻带相对带宽。在下边频率 ω_L 处,bf 与 Richards 变换相乘,有

$$\mathrm{bf} \cdot S \big|_{\omega=\omega_\mathrm{L}} = \cot\left(\frac{\pi}{2}\frac{\omega_\mathrm{L}}{\omega_0}\right)\tan\left(\frac{\pi}{2}\frac{\omega_\mathrm{L}}{\omega_0}\right) \equiv 1 \qquad (4.23)$$

故 $\mathrm{bf} \cdot S$ 保证了将低通原型 $\Omega = 1$ 处变换至带通的 ω_L 处;在 ω_U 处,bf 与 Richards 变换相乘,有

$$\mathrm{bf} \cdot S \big|_{\omega=\omega_\mathrm{U}} = \cot\left(\frac{\pi}{2}\frac{\omega_\mathrm{L}}{\omega_0}\right)\tan\left(\frac{\pi}{2}\frac{\omega_\mathrm{U}}{\omega_0}\right) = \cot\left(\frac{\pi}{2}\frac{\omega_\mathrm{L}}{\omega_0}\right) = \tan\left(\frac{\pi}{2}\frac{2\omega_0-\omega_\mathrm{L}}{\omega_0}\right) \equiv -1 \quad (4.24)$$

故 $\mathrm{bf} \cdot S$ 保证了将低通原型 $\Omega = -1$ 处变换至带通的上边频率 ω_U 处。

下面通过例 4.3 来讲述微带线结构带阻滤波器的设计过程。

例 4.3　设计输入输出阻抗为 50Ω 的三阶切比雪夫带阻滤波器,其性能要求如下:阻带范围为 $1.8\sim3\mathrm{GHz}$,通带内波纹为 $0.5\mathrm{dB}$。微带基板的参数:介质材料的介电常数 $\varepsilon_\mathrm{r}=4.25$,介质材料厚度 $h=1.45\mathrm{mm}$,覆铜厚度 $t=0.035\mathrm{mm}$。

步骤 1:确定三阶切比雪夫低通原型滤波器元件参数值,如图 4.20 所示。

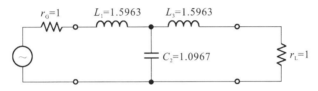

图 4.20　三阶切比雪夫低通原型滤波器

用短路和开路传输线分别替换图 4.20 中的电感和电容,得到图 4.21 所示的拓扑结构。传输线的特性阻抗和导纳为带宽系数与归一化参数的乘积:$Z_1=Z_3=\mathrm{bf}\cdot g_1=0.6612$,$Y_2=\mathrm{bf}\cdot g=0.4543$。

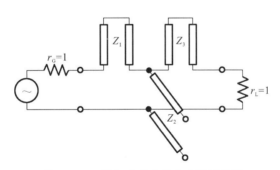

图 4.21　三阶切比雪夫分布参数滤波器

步骤 2:在滤波器两端各引入特性阻抗为 1 的单位元件,应用 Kuroda 规则,得到图 4.22 所示拓扑结构。可以看到,图 4.22 所示拓扑结构可以用传输线来实现。图中各传输线特性阻抗分别为 $Z_1=2.512$,$Z_{\mathrm{UE1}}=1.661$,$Z_2=2.201$,$Z_{\mathrm{UE2}}=1.661$,$Z_2=2.512$。

步骤 3:将步骤 2 的结果进行阻抗反归一化,得到 $Z_1=125.6$,$Z_{\mathrm{UE1}}=83.1$,$Z_2=110$,$Z_{\mathrm{UE2}}=83.1$,$Z_3=125.6$;然后根据给定微带基板参数确定各并联开路线及单位元件的尺寸,表 4.8 给出了各段传输线的尺寸。

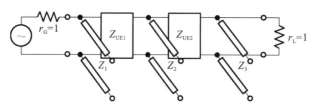

图 4.22　感性串联线与容性并联线等效电路

表 4.8　图 4.22 中各段微带线的参数

	Z_1	Z_{UE1}	Z_2	Z_{UE2}	Z_3
特性阻抗/Ω	125.6	83.1	110	83.1	125.6
微带宽带/mm	0.3	1.0	0.5	1.0	0.3
微带长度/mm	18.7	18	18.5	18	18.7

图 4.23 是响应特性的计算结果。可以看到,所设计的滤波器达到了指标要求。

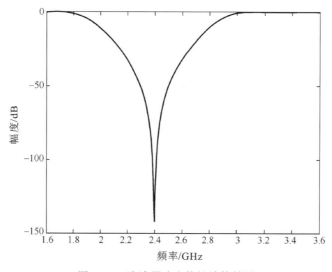

图 4.23　滤波器响应特性计算结果

4.4　耦合线带通滤波器

由传输线理论,一段长为 l 两端开路的 TEM 波传输线是一个谐振波长为 $l/2$ 的谐振器,其幅度频率特性就是一个带通滤波器的响应。由微带及带状传输线构成的谐振器具有开放结构,可以很方便地由此类结构设计带通滤波器。图 4.24 所示为最常用的两种带通滤波器结构,图 4.24(a)、(b)分别是端耦合(end coupling)及边缘耦合(side coupling)结构。

上述两种耦合形式中,边缘耦合结构所占面积小,具有更宽带宽,这里介绍边缘耦合结

(a)端耦合　　　　　　　　(b)边缘耦合

图 4.24　最常用的两种带通滤波器结构

构滤波器的设计。图 4.25(a)、(b)分别是微带对称耦合线示意图及其等效电路图,耦合线的宽度及间隙分别为 w 及 s,对应的奇模特性阻抗和偶模特性阻抗分别为 Z_{0o} 和 Z_{0e}。

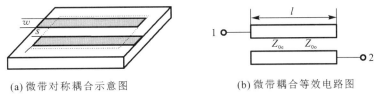

(a)微带对称耦合示意图　　　　　　　　(b)微带耦合等效电路图

图 4.25　微带对称耦合线示意图及其等效电路图

由奇偶模参量法可以得到这种基本单元的阻抗参量矩阵为

$$Z_{11}=-\text{j}\frac{1}{2}(Z_{0e}+Z_{0o})\cos(\beta l)=Z_{22} \tag{4.25}$$

$$Z_{12}=-\text{j}\frac{1}{2}(Z_{0e}-Z_{0o})\frac{1}{\sin(\beta l)}=Z_{21} \tag{4.26}$$

其转移参量矩阵为

$$A=\begin{vmatrix} \dfrac{Z_{0e}+Z_{0o}}{Z_{0e}-Z_{0o}}\cos\theta & -\text{j}\dfrac{Z_{0e}-Z_{0o}}{2}\left[\dfrac{4Z_{0e}Z_{0o}}{(Z_{0e}-Z_{0o})^2}\cot\theta\cos\theta-\sin\theta\right] \\ \text{j}\dfrac{2\sin\theta}{Z_{0e}-Z_{0o}} & \dfrac{Z_{0e}+Z_{0o}}{Z_{0e}-Z_{0o}}\cos\theta \end{vmatrix} \tag{4.27}$$

式中,$\theta=\beta l$。

实际带通滤波器的设计指标与上述耦合单元尺寸及级数之间的对应关系的建立需要较繁复的公式推导。这里直接给出其设计步骤。

步骤 1:根据技术指标确定低通原型滤波器。

步骤 2:确定耦合传输线的奇模和偶模特性阻抗。其计算公式为

$$Z_{0o}|_{i,i+1}=Z_0\left[1-Z_0 J_{i,i+1}+(Z_0 J_{i,i+1})^2\right] \tag{4.28a}$$

$$Z_{0e}|_{i,i+1}=Z_0\left[1+Z_0 J_{i,i+1}+(Z_0 J_{i,i+1})^2\right] \tag{4.28b}$$

式中,$J_{0,1}=\dfrac{1}{Z_0}\sqrt{\dfrac{\pi\text{BW}}{2g_0 g_1}}$;$J_{i,i+1}=\dfrac{1}{Z_0}\dfrac{\pi\text{BW}}{2\sqrt{g_i g_{i+1}}}$;$J_{N,N+1}=\dfrac{1}{Z_0}\dfrac{\pi\text{BW}}{\sqrt{2g_N g_{N+1}}}$;$\text{BW}=(\omega_U-\omega_L)/\omega_0$;$\omega_0=(\omega_L+\omega_U)/2$;下标 $i,i+1$ 是耦合段单元标号;Z_0 是滤波器输入输出端口的传输线特性阻抗。

步骤 3:确定微带线的实际尺寸。由步骤 2 得到的奇模和偶模特性阻抗计算耦合传输线的宽度 w 和间距 s。每一段耦合线的长度均为 $\lambda/4$。

例 4.4　设计一个中心频率为 2.4GHz、带宽为 400MHz、带内波纹为 0.5dB 的带通滤

波器,要求 2.1GHz 处衰减 20dB。微带基板的参数:介质材料的介电常数 $\varepsilon_r = 4.25$,介质材料厚度 $h = 1.45\text{mm}$,覆铜厚度 $t = 0.035\text{mm}$。

解 步骤 1:根据技术指标确定低通原型滤波器。滤波器的阶数可根据 2.1GHz 处衰减 20dB 的要求确定。由式(4.14),2.1GHz 所对应低通原型滤波器的归一化频率为

$$\Omega = \frac{\omega_0}{\omega_U - \omega_L}\left(\frac{\omega_0}{\omega} - \frac{\omega}{\omega_0}\right) = 1.608$$

查表可知,要在 1.608 的频点获得 20dB 的衰减,滤波器阶数应为 4。0.5dB 波纹的四阶切比雪夫滤波器的元件参数为 $g_1 = 1.6703$, $g_2 = 1.1926$, $g_3 = 2.3661$, $g_4 = 0.8419$, $g_5 = 1.9841$。

步骤 2:确定耦合传输线的奇模和偶模特性阻抗。由式(4.28)得到各耦合段单元奇模和偶模特性阻抗如下。

I	0	1	2	3	4
$Z_0 J_{i,i+1}$	0.3959	0.1855	0.1559	0.1855	0.3959
Z_{0o}/Ω	38.0418	42.4455	43.4202	42.4455	38.0418
Z_{0e}/Ω	77.6318	60.9955	50.0102	60.9955	77.6318

步骤 3:确定微带线的实际尺寸。由步骤 2 得到的奇模和偶模特性阻抗计算耦合传输线的宽度 w 和间距 s。第 i 段耦合线的尺寸如下。

i	0	1	2	3	4
w/mm	2.0	2.617	2.683	2.617	2.0
s/mm	0.248	0.904	1.14	0.904	0.248
l/mm	17.2	16.9	16.7	16.9	17.2

最终设计的滤波器如图 4.26 所示。图中扭曲部分是为了方便理解,实际制作的滤波器都是平直的。

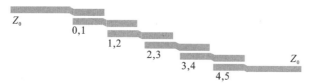

图 4.26 四阶耦合带通滤波器示意图

所设计滤波器的响应计算结果如图 4.27 所示。

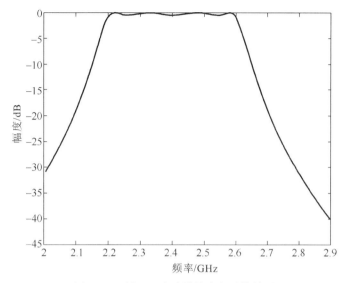

图 4.27 例 4.4 滤波器的响应计算结果

4.5 分布参数椭圆函数滤波器

用分布参数电路实现椭圆函数滤波器时,前述 Richards 变换和 Kuroda 规则会有所变化。下面先介绍分布参数椭圆函数滤波器中的 Richards 变换和 Kuroda 规则。

4.5.1 Richards 变换

在椭圆函数滤波器设计中,常出现电感和电容串联组合的并联,它们可以用两段传输线串联组合的并联来等效,如图 4.28 所示。

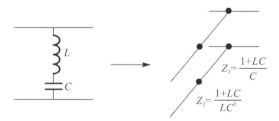

图 4.28 椭圆函数滤波器中的 Richards 变换

图 4.28 中集总参数的输入阻抗为

$$j\Omega L + \frac{1}{j\Omega L} \tag{4.29}$$

分布参数的输入阻抗为

$$Z_1 \frac{-jZ_2\cot\theta + jZ_1\tan\theta}{Z_1 + (-jZ_2\cot\theta)(j\tan\theta)} = \frac{jZ_1^2\tan\theta}{Z_1 + Z_2} + \frac{1}{j\frac{Z_1 + Z_2}{Z_1 Z_2}\tan\theta} \tag{4.30}$$

在 $\Omega=1$ 处令两者相等,得

$$L=\frac{Z_1^2}{Z_1+Z_2},C=\frac{Z_1+Z_2}{Z_1Z_2} \tag{4.31}$$

解方程即得 Z_1,Z_2。

4.5.2　Kuroda-Levy 规则

在椭圆函数滤波器设计中,电感和电容并联组合的串联没有等效的分布参数电路。在传输线存在的条件下,Kuroda-Levy 规则解决电感和电容并联组合的串联与电感和电容并联串联的组合的等效。电路结构的等效如图 4.29 所示。

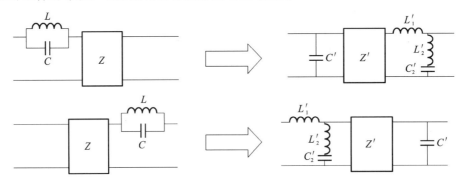

图 4.29　椭圆函数滤波器中的 Kuroda-Levy 规则

电路结构等效前后参数间的关系如下:

$$Y'=\frac{Y}{1+LC+LY}\quad L'_1=-\frac{LC}{Y}\quad C'_1=LCY'\quad L'_2=\frac{LC}{Y-(1+LC)Y'}\quad C'_2=Y-(1+LC)Y'$$

4.5.3　椭圆函数低通滤波器设计示例

设计一个输入输出阻抗为 50Ω 的椭圆函数低通滤波器,主要参数如下:截止频率 1GHz;波纹 0.1dB;带外频率 1.3GHz;带外衰减 $L_{as}\geqslant30dB$;用微带线实现最终电路形式。

(1)这里采用电容输入电路方案,原型图如图 4.30 所示。

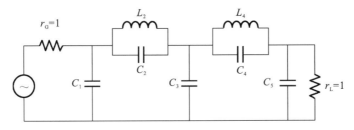

图 4.30　电容输入椭圆函数低通滤波器

查表可得诸参数为

$C_1=0.977,C_2=0.230,L_2=1.139,C_3=1.488,C_4=0.742,L_4=0.740,C_5=0.701$

(2)对电路进行 Kuroda-Levy 变换。

①在滤波器的输入输出端口引入两个单位元件,如图 4.31(a)所示。因为单位元件与信号源和负载的阻抗都是匹配的,所以引入它们并不影响滤波器的特性。

②对图 4.31(a)中的第一个和最后一个并联电容应用 Kuroda 变换后的结果如图 4.31(b)所示。

新得到的串联电感为

$$\overline{L}_1 = \frac{\overline{C}_1}{Y_{\mathrm{UE1}}(Y_{\mathrm{UE1}} + \overline{C}_1)} = \frac{0.977}{1 + 0.977} = 0.4942, \overline{L}_5 = \frac{\overline{C}_5}{Y_{\mathrm{UE2}}(Y_{\mathrm{UE2}} + \overline{C}_5)} = \frac{0.701}{1 + 0.701} = 0.4121$$

单位元件的特性导纳变为 $Y'_{\mathrm{UE1}} = Y_{\mathrm{UE1}} + \overline{C}_1 = 1.977$, $Y'_{\mathrm{UE2}} = Y_{\mathrm{UE2}} + \overline{C}_5 = 1.701$,特性阻抗为 $Z_{\mathrm{UE1}} = \frac{1}{1.977}$, $Z_{\mathrm{UE2}} = \frac{1}{1.701}$。在滤波器的输入输出端再次引入单位元件,此时电路中一共有 4 个单位元件。

③分别对中间两组电路利用 Kuroda-Levy 规则进行变换,得到图 4.31(c)所示的结果。

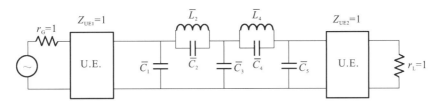

(a) 原型电路的Kuroda-Levy变换

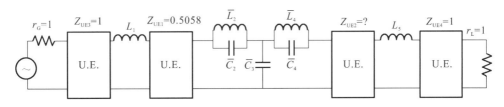

(b) 原型电路的Kuroda-Levy变换

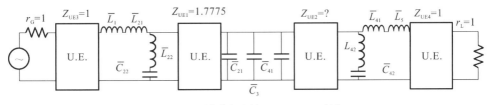

(c) 原型电路的Kuroda-Levy变换

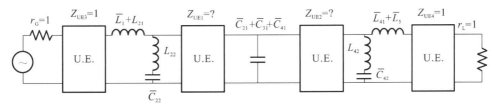

(d) 原型电路的Kuroda-Levy变换

图 4.31　分布参数结构可实现滤波器电路变换

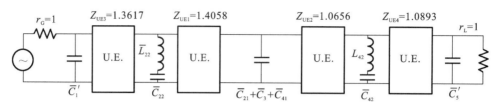

(e) 原型电路的Kuroda-Levy变换

续图 4.31

新得到的参数为

$$Y'_{UE1} = \frac{Y_{UE1}}{1+\overline{L}_2\overline{C}_2+\overline{L}_2 Y_{UE1}} = \frac{1.977}{1+1.139\times0.230+1.139\times1.977} = 0.5626$$

$$Y'_{UE2} = \frac{Y_{UE2}}{1+\overline{L}_4\overline{C}_4+\overline{L}_4 Y_{UE2}} = \frac{1.701}{1+0.740\times0.742+0.740\times1.701} = 0.6058$$

$$Z'_{UE1} = \frac{1}{0.5626} = 1.7775 \quad Z'_{UE2} = \frac{1}{0.6058} = 1.6507$$

$$\overline{L}_{21} - \frac{\overline{L}_2\overline{C}_2}{Y_{UE1}} = -\frac{1.139\times0.230}{1.977} = -0.1325 \quad \overline{L}_{41} = -\frac{\overline{L}_4\overline{C}_4}{Y_{UE2}} = -\frac{0.740\times0.742}{1.701} = -0.3228$$

$$\overline{L}_{22} - \frac{\overline{L}_2\overline{C}_2}{Y_{UE1}-(1+\overline{L}_2\overline{C}_2)Y'_{UE1}} = \frac{1.1390\times0.230}{1.977-(1+1.1390\times0.230)\times0.5626} = 0.2068$$

$$L_{42} = \frac{\overline{L}_4\overline{C}_4}{Y_{UE2}-(1+\overline{L}_4\overline{C}_4)Y'_{UE2}} = \frac{0.7400\times0.742}{1.701-(1+0.7400\times0.742)\times0.6058} = 0.7201$$

$$\overline{C}_{21}\overline{L}_2\overline{C}_2 Y'_{UE1} = 1.139\times0.230\times0.5626 = 0.1474$$

$$\overline{C}_{41} = \overline{L}_4\overline{C}_4 Y'_{UE2} = 0.742\times0.740\times0.6058 = 0.3326$$

$$\overline{C}_{22} = Y_{UE1}-(1+\overline{L}_2\overline{C}_2)Y'_{UE1} = 1.977-(1+1.1390\times0.230)\times0.5626 = 1.2670$$

$$\overline{C}_{42} Y_{UE2}-(1+\overline{L}_4\overline{C}_4)Y'_{UE2} = 1.701-(1+0.7400\times0.742)\times0.6058 = 0.7626$$

(d) 将串联的电感和并联的电容合并得到图 4.31(d)。

(e) 对新引入的 2 个单位元件进行变换得到图 4.31(e)。

新的参数为

$$Z'_{UE3} = Z_{UE3}+\overline{L}_1+\overline{L}_{21} = 1+0.4942-0.1325 = 1.3617$$

$$Z'_{UE4} = Z_{UE4}+\overline{L}_5+\overline{L}_{41} = 1+0.4121-0.3228 = 1.0893$$

$$\overline{C}'_1 = \frac{\overline{L}_1+\overline{L}_{21}}{Z_{UE3} Z'_{UE3}} = \frac{0.4942-0.1325}{1\times1.3617} = 0.2656$$

$$\overline{C}'_5 = \frac{\overline{L}_5+\overline{L}_{41}}{Z_{UE4} Z'_{UE4}} = \frac{0.4121-0.3228}{1\times1.0893} = 0.0820$$

(3) 利用 Richards 变换,将图 4.31(e)所示的集总参数电路变换为分布参数的传输线电路,如图 4.32 所示。

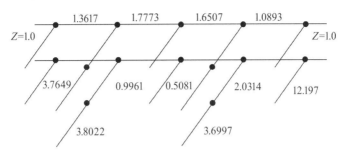

图 4.32　集总参数电路变换为分布参数的传输线电路

(4)对图 4.32 的电路进行阻抗变换,使用微带线作为传输线的电路如图 4.33 所示。

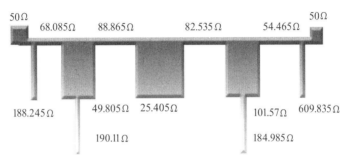

图 4.33　微带线椭圆函数滤波器

所设计的滤波器的频响特性如图 4.34 所示。

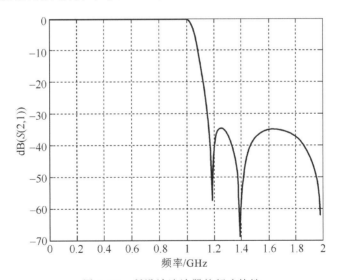

图 4.34　所设计滤波器的频响特性

习　　题

1. 设计一个 LC 式 0.1dB 波纹椭圆函数 BPF($Z_0=75\mathrm{ohm}$)，通带为 170～240MHz，在 120.0MHz 和 470MHz 至少有 40dB 衰减，并用 $ABCD$ 矩阵计算其频率响应曲线。

2. 在微带基板上设计一个分布参数的巴特沃斯低通滤波器，其截止频率为 4GHz，在 2 倍截止频率处的衰减大于 20dB。基板介质材料的介电常数 $\varepsilon_r=2.2$，介质材料厚度 $h=0.787\mathrm{mm}$，导体带厚度 $t=0.035\mathrm{mm}$。比较分布参数与集总参数响应，说明其不同的理由。

3. 设计一个中心频率为 4GHz、上下频率分别为 3.85GHz 和 4.15GHz、纹波为 0.2dB 的带通滤波器。在 4.3GHz 下，应至少衰减 30dB。基板介质材料的介电常数 $\varepsilon_r=2.2$，介质材料厚度 $h=0.787\mathrm{mm}$，导体带厚度 $t=0.035\mathrm{mm}$。

第5章 放 大 器

放大器与振荡器属于有源器件,是射频微波系统不可缺少的功能单元,它们分别起着放大及产生射频微波信号的作用。一般晶体管存在稳定及非稳定两个区域,是工作于放大状态还是振荡状态,取决于输入及输出端的匹配设计。下面先介绍晶体管的稳定性。

5.1 晶体管的稳定性

若将晶体管视为一个两端口网络,则此网络由一定偏置条件下晶体管的 S 参量及外部终端条件 Γ_L 和 Γ_S 确定,如图 5.1 所示。

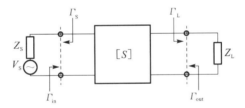

图 5.1 晶体管的两端口网络等效

稳定性意味着图 5.1 中诸反射系数的模值应小于 1,即

$$|\Gamma_L|<1,|\Gamma_S|<1 \tag{5.1}$$

$$|\Gamma_{in}|<1,|\Gamma_{out}|<1 \tag{5.2}$$

式中:Γ_L,Γ_S 分别是负载及源反射系数,由负载阻抗及源阻抗决定;Γ_{in},Γ_{out} 分别是晶体管输入反射系数及输出反射系数。由第 1 章可得

$$\Gamma_{in}=\frac{S_{11}-\Gamma_L D}{1-S_{22}\Gamma_L} \tag{5.3a}$$

$$\Gamma_{out}=\frac{S_{22}-\Gamma_S D}{1-S_{11}\Gamma_S} \tag{5.3b}$$

式中

$$D=S_{11}S_{22}-S_{12}S_{21} \tag{5.4}$$

对于给定的晶体管,因为特定频率下,其 S 参量是固定值,所以对稳定性有影响的参数就只有 Γ_L 和 Γ_S。

先考察放大器的输出端口。将式(5.3)右端各参量写为复数形式

$$S_{11}=S_{11}^R+jS_{11}^I,S_{22}=S_{22}^R+jR_{22}^I,D=D^R+jD^I,\Gamma_L=\Gamma_L^R+j\Gamma_L^I \tag{5.5}$$

令 $|\Gamma_{in}|=1$,整理后可得使 $|\Gamma_{in}|=1$ 的所有 Γ_L 的取值满足下面的圆方程,即

$$(\Gamma_L^R - C_{out}^R)^2 + (\Gamma_L^I - C_{out}^I)^2 = r_{out}^2 \qquad (5.6)$$

式中,圆半径为

$$r_{out} = \frac{|S_{12}S_{21}|}{\left| |S_{22}|^2 - |D|^2 \right|} \qquad (5.7)$$

圆心坐标为

$$C_{out} = C_{out}^R + jC_{out}^I = \frac{(S_{22} - S_{11}^* D)^*}{|S_{22}|^2 - |D|^2} \qquad (5.8)$$

此圆以虚线示于图 5.2 中,当 Γ_L 取值落在虚线圆上时,$|\Gamma_{in}|=1$。因为此时的 Γ_L 取值是 $|\Gamma_{in}|$ 大于与小于 1 的分界点,由于 Γ_L 是晶体管输出端口的参量,所以使 $|\Gamma_{in}|=1$ 的所有 Γ_L 构成的圆称为输出端口稳定性判定圆,略称输出稳定圆。

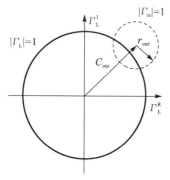

图 5.2 中的输出稳定圆将整个 Γ_L 平面分为稳定圆外及圆内两部分,使 $|\Gamma_{in}|$ 大于 1 的 Γ_L 所在区域是非稳定区,反之为稳定区。这由晶体管的 S_{11} 参量的大小可以判断出来。由式(5.3a)可知,若 $\Gamma_L=0$,则 $|\Gamma_{in}|=|S_{11}|$。因为 $\Gamma_L=0$ 是对应于原点的,所以 $|S_{11}|<1$ 时,原点所在区域为稳定区域,$|S_{11}|>1$ 时,原点所在区域为非稳定区域。重新考察图 5.2 可知,若 $|S_{11}|<1$,则稳定圆内部为非稳定区域,反之,稳定圆外部为非稳定区域。一般情况下,$|\Gamma_L|<1$,Γ_L 的取值不会落在单位圆外部,在 $|S_{11}|<1$ 及 $|S_{11}|>1$ 时的稳定区域与非稳定区域的划分如图 5.3 所示。

图 5.2 Γ_L 平面上的输出稳定圆

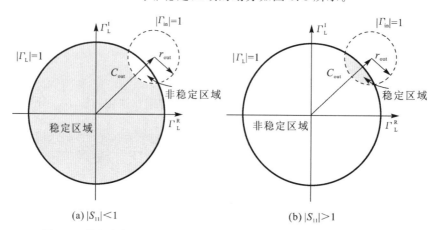

(a) $|S_{11}|<1$ (b) $|S_{11}|>1$

图 5.3 输出稳定性判定圆划分出 Γ_L 单位圆的稳定区域及非稳定区域

由图 5.3 可知,一旦得到 Γ_L 平面上的输出稳定圆,参考 $|S_{11}|$ 的取值,就很容易知道对应于输出端口稳定或非稳定的 Γ_L 取值范围,从而为电路设计提供指导。

同理,令 $|\Gamma_{out}|=1$,可得关于 Γ_S 的输入端口稳定性判定圆的方程,即

$$(\Gamma_S^R - C_{in}^R)^2 + (\Gamma_S^I - C_{in}^I)^2 = r_{in}^2 \qquad (5.9)$$

式中,圆半径为

$$r_{\mathrm{in}} = \frac{|S_{12}S_{21}|}{\left| |S_{11}|^2 - |D|^2 \right|} \tag{5.10}$$

圆心坐标为

$$C_{\mathrm{in}} = C_{\mathrm{in}}^{\mathrm{R}} + \mathrm{j}C_{\mathrm{in}}^{\mathrm{I}} = \frac{(S_{11} - S_{22}^* D)^*}{|S_{11}|^2 - |D|^2} \tag{5.11}$$

图 5.4 虚线所示为在 $\varGamma_{\mathrm{S}}$ 平面上的输入稳定圆。

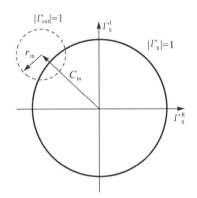

图 5.4　$\varGamma_{\mathrm{S}}$ 平面上的输入稳定圆

类似地,输入稳定圆将整个 $\varGamma_{\mathrm{S}}$ 平面分为稳定圆外及圆内两部分。由式(5.3b)可知,若 $\varGamma_{\mathrm{S}} = 0$,$|\varGamma_{\mathrm{out}}| = |S_{22}|$。因为在 $\varGamma_{\mathrm{S}}$ 平面上 $\varGamma_{\mathrm{S}} = 0$ 对应于原点,所以 $|S_{22}| < 1$ 时,原点所在区域为稳定区域,$|S_{22}| > 1$ 时,原点所在区域为非稳定区域。图 5.5 所示为 $|S_{22}| < 1$ 及 $|S_{22}| > 1$ 时的稳定区域与非稳定区域。

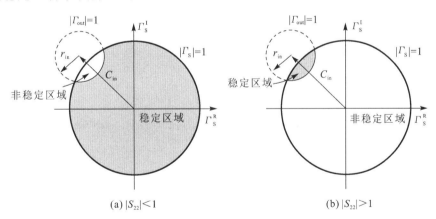

图 5.5　输入稳定性判定圆划分出 $\varGamma_{\mathrm{S}}$ 单位圆的稳定区域及非稳定区域

最后,介绍绝对稳定的概念。绝对稳定是指在选定的工作频率和偏置条件下,晶体管在整个 Smith 圆图内都处于稳定状态。这个概念对于输入、输出端口都适用。若 $|S_{11}| < 1$ 和 $|S_{22}| < 1$,则绝对稳定条件为

$$\left| |C_{\mathrm{in}}| - r_{\mathrm{in}} \right| > 1, \left| |C_{\mathrm{out}}| - r_{\mathrm{out}} \right| > 1 \tag{5.12}$$

即稳定性判定圆必须完全落在单位圆 $|\Gamma_S|=1$ 和 $|\Gamma_L|=1$ 之外,如图 5.6 所示。

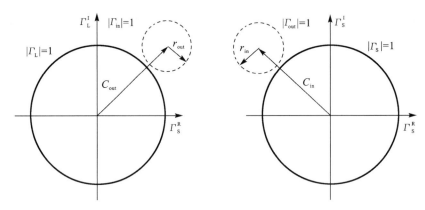

$|S_{11}|<1$时,$|\Gamma_L|=1$圆内均为稳定区域　　　　$|S_{22}|<1$时,$|\Gamma_S|=1$圆内均为稳定区域

图 5.6　绝对稳定条件示意图

将式(5.7)、式(5.8)或式(5.10)、式(5.11)代入式(5.12),可将绝对稳定条件表示为

$$K=\frac{1-|S_{11}|^2-|S_{22}|^2+|D|^2}{2|S_{12}||S_{21}|}>1 \tag{5.13}$$

式中,K 称为稳定因子。

另外,绝对稳定条件可以通过在复平面 Γ_S 上讨论中引出。此时要求 $|\Gamma_S|\leqslant1$ 的区域必须全部落在 $|\Gamma_{out}|=1$ 的圆内。由式(5.8),在 Γ_{out} 平面上画出 $|\Gamma_S|=1$ 的轨迹可得到一个圆,其圆心坐标为

$$C_S=S_{22}+\frac{S_{12}S_{21}S_{11}^*}{1-|S_{11}|^2} \tag{5.14}$$

半径为

$$r_S=\frac{|S_{12}S_{21}|}{1-|S_{11}|^2} \tag{5.15}$$

如图 5.7 所示,要绝对稳定,必须满足 $|C_S|+r_S<1$,可得

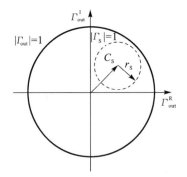

图 5.7　Γ_{out} 平面上的绝对稳定条件

$$|S_{22}-DS_{11}^*|+|S_{12}S_{21}|<1-|S_{11}|^2 \tag{5.16}$$

可以采用类似的方法讨论 Γ_{out} 复平面上的 Γ_{L}。在相应的圆心坐标 C_{L} 和圆半径 r_{L} 表达式中,令 $|C_{\text{S}}|=0$ 和 $r_{\text{S}}<1$,可得

$$|S_{12}S_{21}|<1-|S_{22}|^2 \tag{5.17}$$

只要 $|D|<1$,式(5.13)就是绝对稳定的充分条件。通常要求 $|D|<1$ 和 $K>1$ 同时成立,以确保晶体管处于绝对稳定状态。

实际上存在一个等价于 $K>1$ 和 $|D|<1$ 的描述绝对稳定条件因子,令

$$\mu=\frac{1-|S_{11}|^2}{|S_{22}-S_{11}^*D|+|S_{12}||S_{21}|} \tag{5.18}$$

此时绝对稳定条件为

$$\mu>1 \tag{5.19}$$

另外,对于器件 A 与器件 B,若 $\mu_{\text{A}}>\mu_{\text{B}}$,则器件 A 比器件 B 更稳定,故也称 μ 因子是器件的稳定度因子。

输出稳定圆方程的推导:

临界稳定时 $|\Gamma_{\text{in}}|=\dfrac{|S_{11}-\Gamma_{\text{L}}D|}{|1-S_{22}\Gamma_{\text{L}}|}=1$,即 $|S_{11}-\Gamma_{\text{L}}D|=|1-S_{22}\Gamma_{\text{L}}|$。

将 $S_{11}=S_{11}^{\text{R}}+\text{j}S_{11}^{\text{I}}$,$S_{22}=S_{22}^{\text{R}}+\text{j}S_{22}^{\text{I}}$,$D=D^{\text{R}}+\text{j}D^{\text{I}}$,$\Gamma_{\text{L}}=\Gamma_{\text{L}}^{\text{R}}+\text{j}\Gamma_{\text{L}}^{\text{I}}$ 代入上式得到
$|\Gamma_{\text{L}}^{\text{R}}|^2(|D|^2-|S_{22}|^2)+2\Gamma_{\text{L}}^{\text{R}}(S_{22}^{\text{R}}-S_{11}^{\text{I}}D^{\text{I}}-S_{11}^{\text{R}}D^{\text{R}})+|\Gamma_{\text{L}}^{\text{I}}|^2(|D|^2-|S_{22}|^2)+2\Gamma_{\text{L}}^{\text{I}}(S_{11}^{\text{R}}D^{\text{I}}-S_{11}^{\text{I}}D^{\text{R}}-S_{22}^{\text{I}})=1-|S_{11}|$
简化得

$$\left(\Gamma_{\text{L}}^{\text{R}}-\frac{S_{11}^{\text{I}}D^{\text{I}}+S_{11}^{\text{R}}D^{\text{R}}-S_{22}^{\text{R}}}{|D|^2-|S_{22}|^2}\right)^2+\left(\Gamma_{\text{L}}^{\text{I}}-\frac{S_{11}^{\text{I}}D^{\text{R}}+S_{22}^{\text{I}}-S_{11}^{\text{R}}D^{\text{I}}}{|D|^2-|S_{22}|^2}\right)^2$$

$$=\frac{D^2+|S_{11}|^2|S_{22}|^2-2\text{Re}\{S_{11}^*S_{22}^*D\}}{(|D|^2-|S_{22}|^2)^2}$$

进一步简化上式右端。因为
$D=S_{11}S_{22}-S_{12}S_{21}$,$D^2=|S_{11}S_{22}|^2+|S_{12}S_{21}|^2-2\text{Re}\{S_{11}^*S_{22}^*S_{12}S_{21}\}$,
右端分式分子

$$D^2+|S_{11}|^2|S_{22}|^2-2\text{Re}\{S_{11}^*S_{22}^*D\}$$
$$=2|S_{11}|^2|S_{22}|^2+|S_{12}S_{21}|^2-2\text{Re}\{S_{11}^*S_{22}^*S_{12}S_{21}\}-2\text{Re}\{S_{11}^*S_{22}^*D\}$$
$$=|S_{12}S_{21}|^2$$

得到圆方程

$$\left(\Gamma_{\text{L}}^{\text{R}}-\frac{S_{11}^{\text{I}}D^{\text{I}}+S_{11}^{\text{R}}D^{\text{R}}-S_{22}^{\text{R}}}{|D|^2-|S_{22}|^2}\right)^2+\left(\Gamma_{\text{L}}^{\text{I}}-\frac{S_{11}^{\text{I}}D^{\text{R}}+S_{22}^{\text{I}}-S_{11}^{\text{R}}D^{\text{I}}}{|D|^2-|S_{22}|^2}\right)^2=\frac{|S_{12}S_{21}|^2}{(|D|^2-|S_{22}|^2)^2}$$

5.2　放大器功率关系

从 20 世纪 60 年代开始,随着半导体材料及工艺的发展,晶体管的工作频率进入了射频微波频段,出现了射频微波晶体管放大器。它具有体积小、质量轻、稳定性好、频带宽、动态范围大、功耗小和噪声低等诸多优点,目前已广泛应用于各种射频微波系统中。

射频微波晶体管结构复杂,在射频微波频段上各种因素的影响难以全面估计及考虑,基于经典电路概念的参量测量极为困难,甚至不能测量,因此经典分析和设计方法不再适用。基于电压波、电流波及功率波概念引入的散射参量(S 参量)在参数测量和射频微波电路分析设计诸方面都显示了很大优势。现在一般是用不同偏置条件及工作频率下的 S 参量来表征射频微波晶体管的性能,通常生产厂商提供射频微波晶体管的 S 参量。大多数情况下,晶体管的 S 参量能提供充分的信息来进行分析与设计。

5.2.1 小信号放大器的等效电路

小信号放大器中的射频微波晶体管工作于线性放大区域,可以用 S 参量来描述。一个典型的小信号放大器的等效电路如图 5.8 所示。

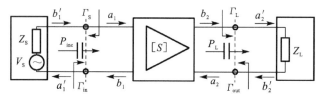

图 5.8 小信号放大器的等效电路

从图 5.8 可知,放大器输入端口的入射功率 P_{inc} 为

$$P_{inc} = \frac{|a_1|^2}{2} = \frac{|b'_1|^2}{2} \tag{5.20a}$$

因为 $b'_1 = b_S + \Gamma_S a'_1$,$a'_1 = \Gamma_{in} b'_1$,所以式(5.20a)可写为

$$P_{inc} = \frac{1}{2} \frac{|b_S|^2}{|1 - \Gamma_{in} \Gamma_S|^2} \tag{5.20b}$$

放大器的实际输入功率 P_{in} 可由入射功率 P_{inc} 及输入反射系数 Γ_{in} 求得

$$P_{in} = P_{inc}(1 - |\Gamma_{in}|^2) = \frac{1}{2} \frac{|b_S|^2}{|1 - \Gamma_{in} \Gamma_S|^2}(1 - |\Gamma_{in}|^2) \tag{5.21}$$

若信号源内阻与放大器输入阻抗互为共轭,则信号源至放大器有最大功率传输。此时 $\Gamma_{in} = \Gamma_S^*$,代入式(5.21),定义相应的输入功率 P_{in} 为资用功率 P_A,则

$$P_A = P_{in}\Big|_{\Gamma_{in} = \Gamma_S^*} = \frac{1}{2} \frac{|b_S|^2}{|1 - \Gamma_{in} \Gamma_S|^2}(1 - |\Gamma_{in}|^2)\Big|_{\Gamma_{in} = \Gamma_S^*} = \frac{1}{2} \frac{|b_S|^2}{1 - |\Gamma_S|^2} \tag{5.22}$$

5.2.2 小信号放大器的功率增益

根据输入及输出端口的匹配状态,射频微波放大器功率增益的定义有三种:转换功率增益 G_T、功率增益 G 及资用功率增益 G_A。单向化功率增益也经常使用,若放大器的反馈效应可以忽略,则转换功率增益即简化为单向化功率增益,这里不予单独讨论。

转换功率增益 G_T 定义为

$$G_T = \frac{负载吸收功率}{电源资用功率} = \frac{P_L}{P_A}$$

由图 5.8 得 $P_L = \frac{1}{2}|b_S|^2(1-|\Gamma_L|^2)$，考虑式(5.22)，可得

$$G_T = \frac{P_L}{P_A} = \left|\frac{b_2}{b_S}\right|^2(1-|\Gamma_L|^2)(1-|\Gamma_S|^2) \tag{5.23}$$

由 $b_2 = S_{21}a_1 + S_{22}a_2, a_2 = \Gamma_L b_2$，有

$$b_2 = \frac{S_{21}}{1-S_{22}\Gamma_L}a_1 \tag{5.24}$$

由 $a_1 = b_S + \Gamma_S b_1, b_1 = \Gamma_{in}a_1$，有

$$b_S = (1-\Gamma_{in}\Gamma_S)a_1 \tag{5.25}$$

综合式(2.22a)，可得转换增益 G_T 表达式为

$$G_T = \frac{(1-|\Gamma_S|^2)|S_{21}|^2(1-|\Gamma_L|^2)}{|(1-S_{11}\Gamma_S)(1-S_{22}\Gamma_L)-S_{21}S_{12}\Gamma_S\Gamma_L|^2} \tag{5.26}$$

从式(5.26)可以看出，对于给定晶体管，通过改变 Γ_S 及 Γ_L 可使其达到指定增益。在源与晶体管之间及负载与晶体管之间插入匹配电路可以改变 Γ_S 和 Γ_L 大小，这正是放大器设计的任务。

将式(2.22a)及式(2.22b)分别代入式(5.26)，可以得到关于转换增益 G_T 更简洁的两个表达式，即

$$G_T = \frac{(1-|\Gamma_S|^2)|S_{21}|^2(1-|\Gamma_L|^2)}{|(1-\Gamma_{in}\Gamma_S)(1-S_{22}\Gamma_L)|^2} \tag{5.27a}$$

$$G_T = \frac{(1-|\Gamma_S|^2)|S_{21}|^2(1-|\Gamma_L|^2)}{|(1-S_{11}\Gamma_S)(1-\Gamma_{out}\Gamma_L)|^2} \tag{5.27b}$$

由这两个表达式可以得到功率增益 G 及资用功率增益 G_A。

晶体管输入端口匹配时的转换功率增益定义为功率增益 G。输入端口匹配时，$\Gamma_S = \Gamma_{in}^*$，由式(5.27a)，可得功率增益 G 为

$$G = \frac{|S_{21}|^2(1-|\Gamma_L|^2)}{(1-|\Gamma_{in}|^2)|(1-S_{22}\Gamma_L)|^2} \tag{5.28}$$

晶体管输出端口匹配时的转换功率增益定义为资用功率增益 G_A。输出端口匹配时，$\Gamma_{out} = \Gamma_L^*$，由式(5.27b)，可得资用功率增益 G_A 为

$$G_A = \frac{(1-|\Gamma_L|^2)|S_{21}|^2}{|(1-S_{11}\Gamma_S)|^2(1-|\Gamma_{out}|^2)} \tag{5.29}$$

5.3 小信号放大器

射频微波放大器与低频放大器的设计方法有很大差异，其中最重要的是放大器输入端及输出端要满足一定的匹配条件。放大器的稳定性、增益、噪声及带宽等指标都与匹配状况密切相关。综合考虑这些指标，设计出适当的匹配电路，正是设计射频微波放大器要完成的任务。在第 5.1 节详细分析了射频微波管的稳定性，这里将重点放在放大器的增益及噪声特性方面。

放大器的输入及输出端口的匹配状况有 4 种组合:输入输出端口都匹配、输入端口匹配输出端口不匹配、输入端口不匹配输出端口匹配及输入输出端口都不匹配。不同组合对应不同设计方案,所以射频微波放大器有 4 种设计方案。

5.3.1 输入输出端口都匹配设计

采用输入输出端口都匹配的设计方案时,放大器的增益最大。此时源及负载反射系数的取值应为 $\Gamma_S = \Gamma_{in}^*$,$\Gamma_L = \Gamma_{out}^*$。考虑式(2.22),则

$$\Gamma_S = \Gamma_{in}^* = S_{11} + \frac{S_{12}S_{21}\Gamma_L}{1 - S_{22}\Gamma_L} \tag{5.30a}$$

$$\Gamma_L = \Gamma_{out}^* = S_{22} + \frac{S_{12}S_{21}\Gamma_S}{1 - S_{11}\Gamma_S} \tag{5.30b}$$

因为放大器的两端口都处于共轭匹配状态,所以又称该匹配设计方法为双共轭匹配设计法。同时满足这一联立方程的 Γ_S 及 Γ_L 称为匹配源反射系数 Γ_{MS} 及匹配负载反射系数 Γ_{ML}。求解此联立方程,考虑到稳定性要求 $|\Gamma| < 1$,可得

$$\Gamma_{MS} = \frac{B_1 - \sqrt{B_1^2 - 4|C_1|^2}}{2C_1} \tag{5.31a}$$

$$\Gamma_{ML} = \frac{B_2 - \sqrt{B_2^2 - 4|C_2|^2}}{2C_2} \tag{5.31b}$$

式中,$B_1 = 1 + |S_{11}|^2 - |S_{22}|^2 - |D|^2$;$C_1 = S_{11} - DS_{22}^*$;$B_2 = 1 + |S_{22}|^2 - |S_{11}|^2 - |D|^2$;$C_2 = S_{22} - DS_{11}^*$。

将式(5.31)代入式(5.26),可得放大器的最大增益 G_{Tmax} 为

$$G_{Tmax} = \frac{|S_{21}|}{|S_{12}|}(K - \sqrt{K^2 - 1}) \tag{5.32}$$

式中,K 是稳定因子。当 $K = 1$ 时,得到放大器的最大稳定增益 G_{MSG} 为

$$G_{MSG} = \frac{|S_{21}|}{|S_{12}|} \tag{5.33}$$

最大稳定增益 G_{MSG} 是射频微波管能达到的最大增益值。从式(5.33)可知,由前向 S_{21} 及反向 S_{12} 散射参量,可以确定该射频微波管能否提供所需要的增益。在实际设计时,一般要求放大器的 G_{MSG} 大于放大器应提供的增益。

输入输出端口都匹配(双共轭匹配)方案的放大器设计步骤如下:

(1)由给定 S 参量,根据式(5.31)计算匹配源反射系数 Γ_{MS} 及匹配负载反射系数 Γ_{ML}。

(2)根据 Γ_{MS} 和 Γ_{ML} 确定相应的匹配电路,完成放大器设计。

(3)在仿真平台上搭建所设计的电路,观察增益是否正确以及增益随频率变化的情况。

例 5.1 已知晶体管工作频率 $f = 2.4\text{GHz}$ 时的 S 参量为 $S_{11} = 0.65\angle-25$,$S_{12} = 0.11\angle 9$,$S_{21} = 5.0\angle 110$,$S_{22} = 0.65\angle-36$。源阻抗及负载阻抗均为 50Ω,设计匹配电路使输入输出端口都匹配。

解 由式(5.19)计算得稳定度因子 $\mu = 1.017 > 1$,所以该晶体管绝对稳定。

由式(5.32)计算得最大增益 $G_{Tmax} = 16.415\text{dB}$。

由式(5.31)计算得 $\Gamma_{MS}=0.376\angle 25.0=0.341+j0.159$，$\Gamma_{ML}=0.376\angle 36.0=0.304+j0.221$。

根据 $\Gamma_S=\Gamma_{MS}$，$\Gamma_L=\Gamma_{ML}$ 确定设计匹配电路。在输出端从 50Ω 负载出发先串联电抗为 -50.9377 的电容，再并联电纳为 -0.0151 的电感可以实现匹配；在输入端从 50Ω 源阻抗出发先串联电抗为 -52.9875 的电容，再并联电纳为 -0.0135 电感可以实现匹配。设计结果如图 5.9 所示。

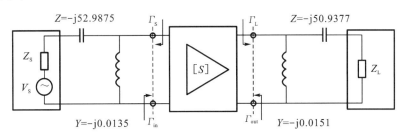

图 5.9　双共轭匹配方案放大器设计

将图 5.9 中的电路搭建在仿真平台上，得到网络 S 参量的频率响应特性曲线，如图 5.10 所示。从图 5.10 所示的仿真结果可以看出，中心频率 2.4GHz 的 S_{21} 为 16.415，与理论结果一致；S_{11} 和 S_{22} 非常小，这是双共轭匹配的结果。

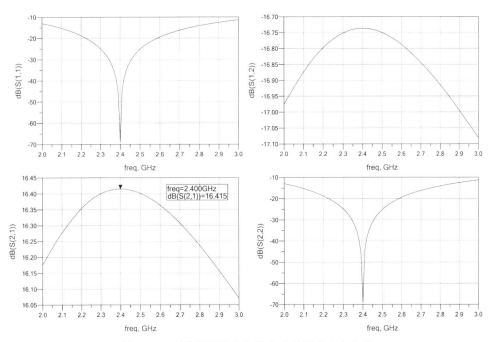

图 5.10　双共轭匹配时电路 S 参量频率响应曲线

输入输出端口都匹配的方案可以使增益最大，但增益不是放大器的唯一指标，在某些场合，噪声系数、带宽等其他指标甚至更重要。

5.3.2 输入端口匹配输出端口不匹配设计

输入端口匹配输出端口不匹配方案的放大器增益是式(5.28)所定义的功率增益 G,综合式(2.22a),有

$$G = \frac{|S_{21}|^2(1-|\Gamma_{\mathrm{L}}|^2)}{\left(1-\left|S_{11}+\dfrac{S_{12}S_{21}\Gamma_{\mathrm{L}}}{1-S_{22}\Gamma_{\mathrm{L}}}\right|^2\right)|(1-S_{22}\Gamma_{\mathrm{L}})|^2} \tag{5.34}$$

可以看到,此时放大器增益只与负载反射系数 Γ_{L} 有关。给定增益,由式(5.34)可以得到负载反射系数 Γ_{L}。求解式(5.34),得到实现给定增益的负载反射系数 Γ_{L} 满足下面的圆方程,即

$$|\Gamma_{\mathrm{L}}-d_{\mathrm{g0}}|=r_{\mathrm{g0}} \tag{5.35a}$$

式中

$$d_{\mathrm{g0}} = \frac{G(S_{22}-DS_{11}^*)^*/|S_{21}|^2}{1+G(|S_{22}|^2-|D|^2)/|S_{21}|^2} \tag{5.35b}$$

$$r_{\mathrm{g0}} = \frac{\sqrt{1-2KG|S_{12}|/|S_{21}|+(G|S_{12}|/|S_{21}|)^2}}{\left|1+G(|S_{22}|^2-|D|^2)/|S_{21}|^2\right|} \tag{5.35c}$$

反射系数 Γ_{L} 在此圆上任一点的取值对应相同的增益,此圆称为等功率增益圆。例 5.1 在圆图上画出了取不同增益值时的等功率增益圆。

例 5.2 采用例 5.1 中的晶体管,在圆图上分别画出增益为最大可能增益 G_{Tmax} 的 100%,99%,90%,50% 的等功率增益圆。

解 由式(5.13)及式(5.4)计算得 $K=1.001,D=0.973$,所以该晶体管绝对稳定。

由式(5.35)编程得到 G 为 15.957 dB,15.446 dB,13.404dB 的等功率增益圆如图 5.11 所示。

输入端口匹配输出端口不匹配方案的放大器设计步骤如下:

(1)由给定增益 G,根据圆方程 $|\Gamma_{\mathrm{L}}-d_{\mathrm{g0}}|=r_{\mathrm{g0}}$ 在 Γ_{L} 平面上画出等功率增益圆。

(2)在等功率增益圆上任选一 Γ_{L},由 $\Gamma_{\mathrm{S}}^*=\Gamma_{\mathrm{in}}=S_{11}+\dfrac{S_{12}S_{21}\Gamma_{\mathrm{L}}}{1-S_{22}\Gamma_{\mathrm{L}}}$ 得到相应 Γ_{S}。

(3)根据 Γ_{L} 和 Γ_{S} 确定相应匹配电路,完成放大器设计。

(4)在仿真平台上搭建所设计的电路,观察增益是否正确以及增益随频率变化的情况。

例 5.3 采用例 5.1 中的晶体管设计增益为 15.957dB 的输入端口匹配输出端口不匹配方案的放大器。源阻抗及负载阻抗均为 50Ω。

解 由式(5.35)在 Γ_{L} 平面上画出 $G=15.957$ dB 的等功率增益圆,如图 5.11 所示。

在 $G=15.957$ dB 等功率增益圆上可以任选一点。现选取等功率增益圆与 $\overline{R}=1$ 的等电阻圆的交点,如图 5.11 所示,有 $\Gamma_{\mathrm{L}}=0.75\angle-41.5=0.5617-\mathrm{j}0.4970$。此时

$$\Gamma_{\mathrm{in}} = S_{11}+\frac{S_{12}S_{21}\Gamma_{\mathrm{L}}}{1-S_{22}\Gamma_{\mathrm{L}}}=0.8536+\mathrm{j}0.0348$$

所以 $\Gamma_{\mathrm{S}}=\Gamma_{\mathrm{in}}^*=0.8536-\mathrm{j}0.0348$。

根据 Γ_{L} 和 Γ_{S} 确定设计匹配电路。在输出端从 50Ω 负载出发串联一个容抗为 -113.526

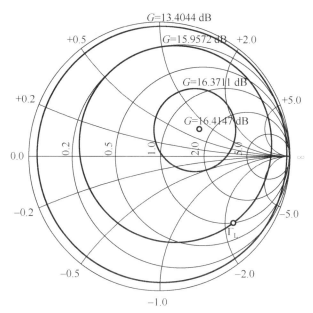

图 5.11　反射系数 Γ_L 复平面上增益值不同的等功率增益圆

的电容可以实现匹配;在输入端从 50Ω 源阻抗出发,先串联电抗为 −171.664 的电容,再并联电纳为 −0.0049 的电感,可以实现匹配。设计结果如图 5.12 所示。

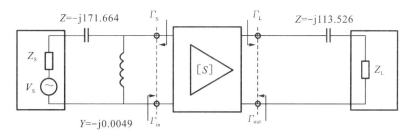

图 5.12　例 5.3 放大器设计结果

将图 5.12 所示的电路搭建在仿真平台上,得到电路 S_{11}、S_{21} 参数的频率响应特性如图 5.13 所示。从图 5.13 可以看出工作频率处的 S_{21} 模值与设计的增益(90% 的最大可能增益 G_{Tmax})一致;S_{11} 非常小,这是输入端口匹配的结果。

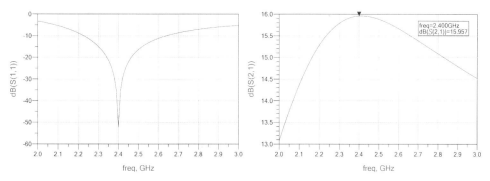

图 5.13　例 5.3 输入端口匹配输出端口不匹配时系统 S_{11}、S_{21} 参数的频率响应

例题中在等功率增益圆上只取了一个点 Γ_L,然后求出其对应的源反射系数 Γ_S。图 5.14 示意了在等功率增益圆上负载反射系数 Γ_L 顺时针采样时,所对应的源反射系数 Γ_S 在源发射系数平面上的分布特点。从图 5.11(b) 可以看到,与等功率增益圆上负载反射系数 Γ_L 所对应的源反射系数 Γ_S 也形成一个圆,此圆方程由式(5.56)给出。

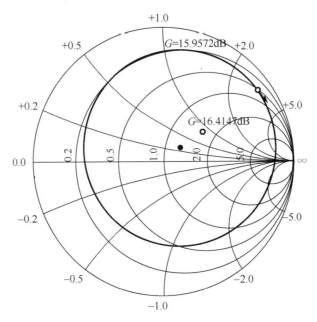

(a) 增益的90%的等功率增益圆图

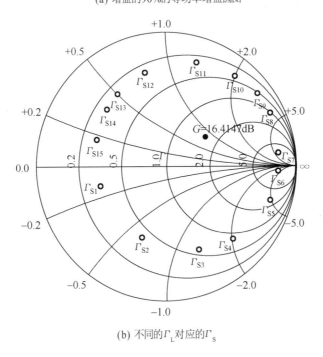

(b) 不同的 Γ_L 对应的 Γ_S

图 5.14 负载反射系数 Γ_L 与等功率增益圆上负载反射系数 Γ_S 对应关系

5.3.3　输入端口不匹配输出端口匹配设计

输入端口不匹配输出端口匹配方案的放大器增益是式(5.29)所定义的资用功率增益 G_A，综合式(2.22b)，有

$$G_A = \frac{(1-|\Gamma_S|^2)|S_{21}|^2}{|(1-S_{11}\Gamma_S)|^2\left(1-\left|S_{22}+\dfrac{S_{12}S_{21}\Gamma_S}{1-S_{11}\Gamma_S}\right|^2\right)} \tag{5.36}$$

可以看到，此时放大器增益只与源反射系数 Γ_S 有关。同样可以得到满足增益条件的所有源反射系数 Γ_S 由下面的圆方程确定，即

$$|\Gamma_S - d_{ga}| = r_{ga} \tag{5.37a}$$

式中

$$d_{ga} = \frac{G(S_{11}-DS_{22}^*)^*/|S_{21}|^2}{1+G(|S_{11}|^2-|D|^2)/|S_{21}|^2} \tag{5.37b}$$

$$r_{ga} = \frac{\sqrt{1-2KG|S_{12}|/|S_{21}|+(G|S_{12}|/|S_{21}|)^2}}{\left|1+G(|S_{11}|^2-|D|^2)/|S_{21}|^2\right|} \tag{5.37c}$$

此圆上的任一点所对应的增益都是相等的，所以此圆称为等资用功率增益圆。

与前面设计方案类似，输入端口不匹配输出端口匹配方案的放大器设计步骤如下。

(1)由给定增益 G，根据圆方程 $|\Gamma_S - d_{ga}| = r_{ga}$ 在 Γ_S 平面上画出等资用功率增益圆。

(2)在等资用功率增益圆上任选一 Γ_S，由 $\Gamma_L^* = \Gamma_{out} = S_{22}+\dfrac{S_{12}S_{21}\Gamma_S}{1-S_{11}\Gamma_S}$ 得到相应 Γ_L。

(3)根据 Γ_L 和 Γ_S 确定相应匹配电路，完成放大器设计。

(4)在仿真平台上搭建所设计的电路，观察增益是否正确以及增益随频率变化的情况。

例 5.4　采用例 5.1 中的晶体管，在圆图上分别画出增益为最大可能增益 G_{Tmax} 的 90%、80%、50% 的等资用功率增益圆。源阻抗及负载阻抗均为 50Ω，对于增益是 50% 的情况完成放大器设计。

解　例 5.1 中已知该晶体管绝对稳定且最大可能增益为 16.415dB。由式(5.37)编程得到 G 为 15.957 dB、15.446 dB、13.404dB 的等资用功率增益圆，如图 5.15 所示。

在增益为 13.404dB 的等资用功率增益圆上取 $\Gamma_S = 0.930\angle -126.822 = -0.557 - j0.744$，则

$$\Gamma_{out} = S_{22}+\frac{S_{12}S_{21}\Gamma_S}{1-S_{11}\Gamma_S} = 0.838+j0.485$$

故 $\Gamma_L = \Gamma_{out}^* = 0.838+j0.485$。

最后由 Γ_S、Γ_L 设计匹配电路。在输出端从 50Ω 负载出发先串联电抗为 -375.341 的电感，再并联电纳为 -0.0028 的电感可以实现匹配；在输入端从 50Ω 源阻抗出发先串联电抗为 -106.683 的电容，再并联电纳为 -0.0320 的电容可以实现匹配。设计结果如图 5.16 所示。

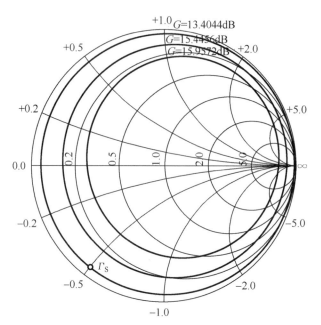

图 5.15　反射系数 Γ_S 复平面上增益值不同的等资用功率增益圆

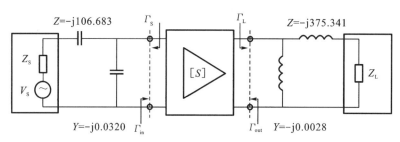

图 5.16　例 5.4 放大器设计结果

　　将图 5.16 所示的电路搭建在仿真平台上,得到电路 S_{22}、S_{21} 参数的频率响应特性,如图 5.17 所示。从图 5.17 可以看出工作频率处的 S_{21} 的模值与所设计增益 13.404dB 一致;S_{22} 非常小,这是输出端口匹配的结果。

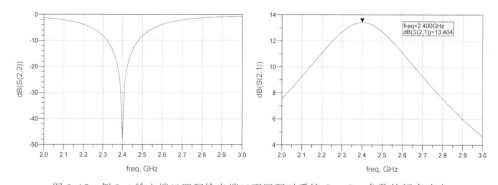

图 5.17　例 5.4 输入端口匹配输出端口不匹配时系统 S_{22}、S_{21} 参数的频率响应

5.4　噪声及低噪声放大器

在放大器设计中,噪声与增益一样,是一个重要指标,尤其是接收系统前端的放大器,要求在低噪声的前提下对信号进行放大。在介绍低噪声放大器前,先介绍噪声源、噪声功率、等效噪声温度、噪声系数等几个关于噪声的基本概念。

根据产生机理的不同,噪声源大致分为热噪声、散弹噪声、$1/f$ 噪声、量化噪声等。热噪声由束缚电荷的热运动引起,是噪声中最基本的一类。散弹噪声由电子管或固态器件中电荷载体的随机波动引起。$1/f$ 噪声是真空管或固态器件中的闪烁噪声,随频率变化很大。量化噪声由电荷载体和光子的量化特性引起,与其他噪声源密切相关。

为测量需要,有时需要用到标准噪声源。标准噪声源分为无源及有源两种。无源标准噪声源由置于恒温槽内的电阻构成。有源标准噪声源由气体放电管或雪崩二极管构成,其噪声功率比无源噪声源高很多。

5.4.1　噪声功率及等效噪声温度

在温度为 T 的环境下,电阻中电子的随机运动在电阻两端产生很小的随机电压 $v(t)$,如图 5.18 所示。该电压均值为 0,均方根值可由普朗克黑体辐射定律给出,即

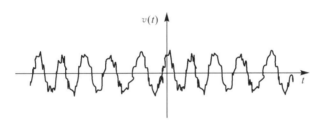

图 5.18　电阻两端的随机电压

$$v_{\mathrm{n}} = \sqrt{\frac{4hfBR}{\mathrm{e}^{hf/kT}-1}} \tag{5.38}$$

式中:h 是普朗克常量,$h = 6.546 \times 10^{-34} \mathrm{J/s}$;$k$ 是玻尔兹曼常数,$k = 1.38 \times 10^{-23} \mathrm{J/K}$;$T$ 是热力学温度,单位为 K;B,f,R 分别是系统带宽,中心频率及阻值。在射频微波段,由于 $hf \ll kT$,式(5.38)可简化为

$$v_{\mathrm{n}} = \sqrt{4kTBR} \tag{5.39}$$

此噪声的功率谱密度与频率无关,即所谓的白噪声。

噪声电阻可用一个噪声发生器和无噪声电阻来等效。等效无噪声电阻得到的噪声功率为

$$P_{\mathrm{n}} = \left(\frac{v_{\mathrm{n}}}{2R}\right)^2 R = kTB \tag{5.40}$$

由式(5.40),对于任一白噪声源,可以用一个等效热噪声源来代替。如图 5.19 所示,其内阻

为 R，负载 R 上得到噪声功率为 P_n。

图 5.19　等效热噪声源代替白噪声源

等效热噪声源的重要参量是等效噪声温度，用 T_e 表示，其值为

$$T_e = \frac{P_n}{kB} \tag{5.41}$$

具有等效噪声温度 T_e 的白噪声源的等效电路可由图 5.20 表示。

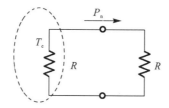

图 5.20　等效噪声温度 T_e 的白噪声源的等效电路

5.4.2　放大器的等效噪声温度

有噪放大器带宽为 B，增益为 G，输入输出匹配。若源电阻无噪，且输入功率为 0，则输出功率 P_o 就是放大器的噪声功率（见图 5.21）。

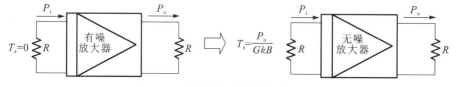

图 5.21　有噪放大器的等效噪声温度

假设放大器是无噪的，将噪声功率归结到源电阻，此时源电阻等效噪声温度为

$$T_e = \frac{P_o}{GkB} \tag{5.42}$$

则输出功率相同。所以，$T_e = \dfrac{P_o}{GkB}$ 就是放大器的等效噪声温度。

5.4.3　有源噪声源及噪声温度测量

有源噪声源利用二极管或电子管提供标准噪声功率输出，用于检测及测量，其噪声功率同样可用等效噪声温度表示，但一般情况下用超噪比（excess noise ratio，ENR）表示。超噪比的定义为

$$\mathrm{ENR(dB)}=10 \cdot \lg \frac{P_n-P_0}{P_o}=10 \cdot \lg \frac{T_n-T_0}{T_0} \tag{5.43}$$

式中：P_n，T_n 分别是发生器的噪声功率和等效噪声温度；P_0，T_0 分别是室温下无源噪声源的参数。固态噪声源的 ENR 典型值为 $20\sim40\mathrm{dB}$。

由于实际中达不到 $0\mathrm{K}$，元器件的等效噪声温度不能直接测量得到，常用 Y 因子法来测量。下面简述其测量原理。

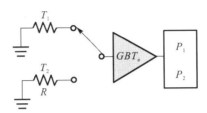

图 5.22　Y 因子法测量原理图

如图 5.22 所示，待测器件或放大器分别与两个不同温度 T_1、T_2 的匹配电阻相连，器件的输出功率分别是 P_1、P_2，有

$$P_1=GkT_1B+GKT_eB \tag{5.44}$$

$$P_2=GkT_2B+GKT_eB \tag{5.45}$$

两式的比值定义为 Y，则

$$Y=\frac{P_1}{P_2}=\frac{T_1+T_e}{T_2+T_e} \tag{5.46}$$

若 $T_1 > T_2$，可得等效噪声温度为

$$T_e=\frac{T_1-YT_2}{Y-1} \tag{5.47}$$

例 5.5　一个 c 波段放大器增益为 $20\mathrm{dB}$，带宽为 $500\mathrm{M}$，用 Y 因子法得到下列数据：$T_1=290\mathrm{K}$，$P_1=-62\mathrm{dBm}$，$T_2=77\mathrm{K}$，$P_2=-64.7\mathrm{dBm}$，计算放大器的等效噪声温度。若源的等效噪声温度 T_s 为 $450\mathrm{K}$，则放大器的输出噪声功率是多少？

解　由

$$Y=P_1/P_2,Y(\mathrm{dB})=P_1-P_2(\mathrm{dB})=2.7\mathrm{dB}$$

得

$$Y=1.86$$

故等效噪声温度 $T_e=(T_1-YT_2)/(Y-1)=170\mathrm{K}$。

若信号源 $T_s=450\mathrm{K}$，则放大器的噪声输出功率为

$$P_o=GkT_sB+GKT_eB=8.56\times10^{-10}\mathrm{W}=-60.7\mathrm{dB}$$

5.4.4　噪声系数

噪声系数 F 是元器件的另一个特性参数，表示输入信噪比与输出信噪比的比值，即

$$F=\frac{S_i/N_i}{S_o/N_o} \tag{5.48}$$

噪声系数 F 的值大于或等于 1,当信号进入无噪声网络时,信号与噪声同时衰减或放大,所以信噪比不变,$F=1$。若网络有噪,则输出信噪比减小,$F>1$。

噪声系数 F 与等效噪声温度是描述元器件噪声的两个重要参量,下面推导它们之间的关系。典型电路如图 5.23 所示。

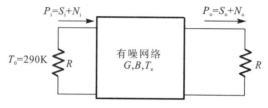

图 5.23　噪声系数 F 推导示意图

噪声功率与信号功率进入有噪网络,网络参数为增益 G,带宽 B 及等效噪声温度 T_e。噪声功率 $N_i=kT_0B$,输出噪声功率 $N_o=kG(T_0+T_e)B$,输出信号功率 $S_o=GS_i$,由噪声系数定义,得

$$F=\frac{S_i/N_i}{S_o/N_o}=\frac{S_ikGB(T_0+T_e)}{kBT_0GS_i}=1+\frac{T_e}{T_0} \tag{5.49}$$

实际中 F 常用 dB 表示。

用 F 表示 T_e 的公式为

$$T_e=(F-1)T_0 \tag{5.50}$$

故一个有噪网络的输出噪声功率可由噪声系数表示为

$$N_o=kGFT_0B \tag{5.51}$$

5.4.5　低噪声放大器设计

在放大器设计中,噪声与增益一样,是一个重要指标,尤其是接收系统前端的放大器,要求在低噪的前提下对信号进行放大。

两端口放大器的噪声系数 F 为

$$F=F_{min}+\frac{4r_n|\Gamma_S-\Gamma_{opt}|^2}{(1-|\Gamma_S|^2)|1+\Gamma_{opt}|^2} \tag{5.52}$$

式中,F_{min} 是最小噪声系数;r_n 是归一化噪声电阻;Γ_{opt} 是最佳源反射系数。它们是描述射频微波晶体管噪声特性的三个参数,通常由生产厂家提供。从式(5.52)可以看出,噪声系数 F 与源反射系数 Γ_S 密切相关。当 $\Gamma_S=\Gamma_{opt}$ 时,噪声系数取最小值 $F=F_{min}$。对于给定的噪声系数 F,放大器设计要解决的问题是找到恰当源反射系数 Γ_S。若定义常数 $Q=|1+\Gamma_{opt}|^2(F-F_{min})/(4r_n)$,则式(5.52)可以变为关于反射系数 Γ_S 的圆方程,即

$$|\Gamma_S-d_F|=r_F \tag{5.53a}$$

式中

$$d_F=\frac{\Gamma_{opt}}{1+Q} \tag{5.53b}$$

$$r_F=\frac{\sqrt{Q^2+Q(1-|\Gamma_{opt}|^2)}}{1+Q} \tag{5.53c}$$

　　这说明满足给定噪声系数的源反射系数在 Γ_s 复平面上构成一个圆,此圆上的所有 Γ_s 对应同一噪声系数,故此圆称为等噪声系数圆。

　　例 5.6　已知射频晶体管偏置为 $V_{CE}=6\mathrm{V},I_C=10\mathrm{mA},f=2.4\mathrm{GHz}$ 时的诸参数为: $\Gamma_{opt}=0.5\angle45,R_n=4\Omega,F_{min}=1.5\mathrm{dB};S_{11}=0.3\angle30,S_{12}=0.2\angle-60,S_{21}=2.5\angle-80,S_{22}=0.2\angle-15$。在 Γ_s 平面上画出噪声系数分别为 $1.501\mathrm{dB},1.55\mathrm{dB},1.7\mathrm{dB},2\mathrm{dB}$ 的等噪声系数圆。

　　解　由式(5.53)编程得到 F 为 $1.501\mathrm{dB},1.55\mathrm{dB},1.7\mathrm{dB},2\mathrm{dB}$ 的等噪声系数圆如图 5.24 所示。

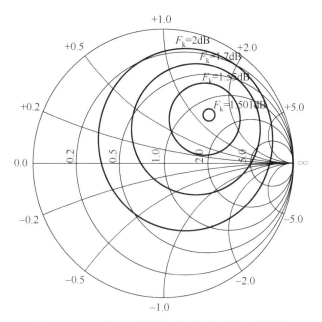

图 5.24　Γ_s 平面上不同噪声系数的等噪声系数圆

　　在进行放大器设计时,噪声与增益应同时考虑。对于输入端口不匹配输出端口匹配方案,可以很容易做到,因为此时等资用功率增益圆与等噪声系数圆可以同时在 Γ_s 平面上画出,由式(5.37)及式(5.53)确定的两个圆的交点既满足增益要求又满足噪声要求。

　　例 5.7　已知射频晶体管 MC13850 偏置为 $V_{CC}=2.7\mathrm{V},I_{CC}=4.7\mathrm{mA},f=2.4\mathrm{GHz}$ 时的诸参数为:$\Gamma_{opt}=0.151\angle110.9,R_n=7.83\Omega,F_{min}=1.26\mathrm{dB},G_A=12.4\mathrm{dB};S_{11}=0.238\angle-101.6,S_{12}=0.081\angle51.9,S_{21}=3.473\angle86.3,S_{22}=0.472\angle-82.7,Z_0=50\Omega$。看能否采用此器件设计噪声系数小于 $1.5\mathrm{dB}$,增益为 $12\mathrm{dB}$ 的低噪声放大器。

　　解　由式(5.53)及式(5.37)在 Γ_s 平面上分别画出了 MC13850 的噪声系数 F 为 $1.3\mathrm{dB}$、$1.5\mathrm{dB}$、$1.8\mathrm{dB}$、$2.5\mathrm{dB}$ 的等噪声系数圆和增益分别为 $12\mathrm{dB}$、$11\mathrm{dB}$、$9\mathrm{dB}$ 的等资用功率增益圆,如图 5.25 所示。

　　从图 5.25 可以看出,采用 MC13850 射频晶体管完全可以满足设计指标。增益为 $12\mathrm{dB}$ 的等资用功率增益圆落在 $1.5\mathrm{dB}$ 等噪声系数圆内部分的 Γ_s 均满足要求,取定一点 Γ_s,求出 Γ_L,设计相应的匹配电路就完成了设计。

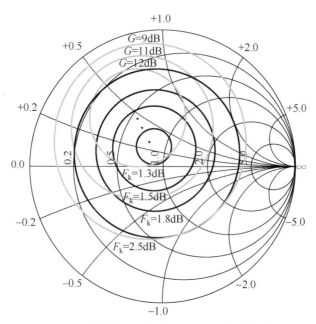

图 5.25 Γ_S 平面上的等噪声系数圆及等资用功率增益圆

对于输入端口匹配输出端口不匹配方案,为了同时考虑噪声与增益指标,需要将关于负载反射系数 Γ_L 的等功率增益圆映射为关于源反射系数 Γ_S 的表达式。在输入端口匹配的条件下,源反射系数 Γ_S 与负载反射系数 Γ_L 之间的关系为

$$\Gamma_S^* = \Gamma_{in} = S_{11} + \frac{S_{12} S_{21} \Gamma_L}{1 - S_{22} \Gamma_L} \tag{5.54}$$

式(5.54)可写为

$$\Gamma_L = \frac{S_{11} - \Gamma_S^*}{D - S_{22} \Gamma_S^*} \tag{5.55}$$

代入等功率增益圆表达式(5.36)中,得到关于源反射系数 Γ_S 的等功率增益圆方程,即

$$|\Gamma_S - d_{gs}| = r_{gs} \tag{5.56a}$$

式中

$$d_{gs} = \frac{(1 - S_{22} d_{g0})(S_{11} - D d_{g0})^* - r_{g0}^2 D^* S_{22}}{|1 - S_{22} d_{g0}|^2 - r_{g0}^2 |S_{22}|^2} \tag{5.56b}$$

$$r_{gs} = \frac{r_{g0} |S_{12} S_{21}|}{\left| |1 - S_{22} d_{g0}|^2 - r_{g0}^2 |S_{22}|^2 \right|} \tag{5.56c}$$

从式(5.56)可知,采用输入端口匹配输出端口不匹配方案时,相应于负载反射系数 Γ_L 的源反射系数也在 Γ_S 复平面上形成一个圆。实际上图 5.26(b)中 Γ_S 就是落在这个圆上。此圆与式(5.54)所确定的等噪声系数圆的交点同时满足输入端口匹配输出端口不匹配方案对增益及噪声的要求。

例 5.8 采用例 5.7 的器件设计输入端口匹配输出端口不匹配方案低噪声放大器,要求噪声系数小于 1.5dB,增益为 12dB。

解　由式(5.53)及式(5.56)在 Γ_S 平面上画出 MC13850 的噪声系数 F 为 1.3dB、1.5dB、1.8dB、2.5dB 的等噪声系数圆和增益分别为 12dB、11dB、9dB 的等功率增益圆,如图 5.26 (a)所示。从图中可以看出,等功率增益圆落在 1.5dB 等噪声系数圆内部的 Γ_S 均满足要求。

取 $\Gamma_S = -0.09017 + j0.2955$,如图 5.26(b)所示,由式(5.55)求出 $\Gamma_L = -0.0249 + j0.2373$。

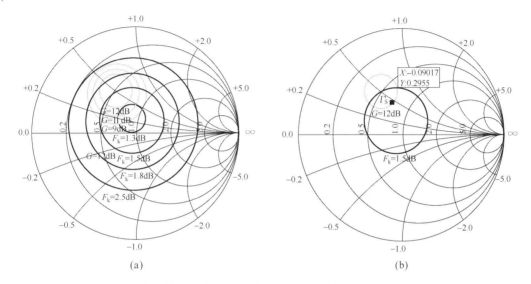

图 5.26　Γ_S 平面上的等功率增益圆及等噪声系数圆

根据 Γ_L 和 Γ_S 确定设计匹配电路。从源端出发,先并联一个 0.835pF 的电容,再串联一个 3.026nH 的电感就完成了输入端口的匹配设计;从负载出发,先并联一个 0.543pF 的电容,再串联一个 2.595nH 的电感就完成了输出端口的匹配设计。

在仿真平台上得到放大器的噪声频率响应特性曲线,如图 5.27 所示。从图中可以看出工作频率处的噪声系数为 1.321dB,优于设计要求。S 参量的频率响应特性曲线如图 5.28 所示。工作频率处的增益为 11.999dB,输入端口匹配,符合设计要求。

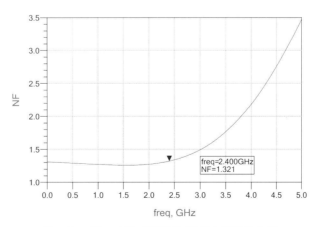

图 5.27　例 5.8 噪声系数的频率响应特性曲线

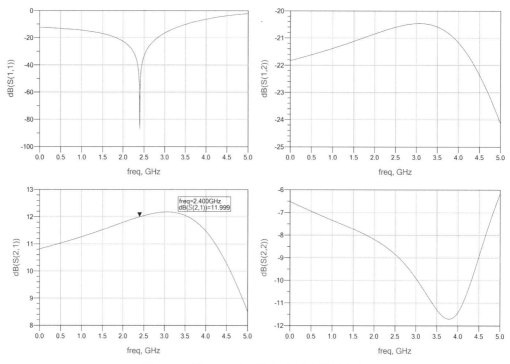

图 5.28　例 5.8 S 参量的频率响应特性曲线

5.5　小信号放大器综合设计

一个典型的放大器包括放大管及输入输出匹配网络,如图 5.29 中虚框部分所示。

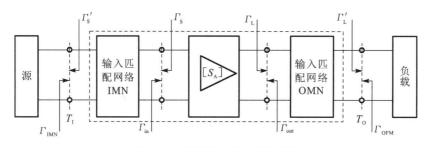

图 5.29　典型放大器电路示意图

设计完成的放大器置于源与负载之间时,在 T_1 及 T_O 端的驻波比是放大器的另一个重要指标。先看 T_1 端,在 T_1 端的输入驻波比为

$$\text{VSWR}_{\text{IMN}} = \frac{1 + |\Gamma_{\text{INM}}|}{1 - |\Gamma_{\text{INM}}|} \qquad (5.57)$$

如果得到 $|\Gamma_{\text{INM}}|$ 与 Γ_{in}、Γ_{S} 的关系,则在放大器设计时就可以控制 T_1 端的驻波比大小。

一般匹配网络是互易无耗的,根据互易无耗网络的性质 $[S]^*[S] = [1]$,可以得到输入匹配网络的散射参量元素满足下面的公式,即

$$|S_{11}|=|S_{22}|,DS_{11}^{*}=S_{22},|D|^{2}=1$$

假定 $\Gamma'_{\mathrm{S}}=0$,根据散射参量定义, $\Gamma_{\mathrm{S}}=S_{22}$。

$$|\Gamma_{\mathrm{INM}}|^{2}=\left|\frac{S_{11}-D\Gamma_{\mathrm{in}}}{1-S_{22}\Gamma_{\mathrm{in}}}\right|^{2}=\frac{|S_{11}|^{2}-D\Gamma_{\mathrm{in}}S_{11}^{*}-D^{*}\Gamma_{\mathrm{in}}^{*}S_{11}+|D|^{2}|\Gamma_{\mathrm{in}}|^{2}}{|1-S_{22}\Gamma_{\mathrm{in}}|^{2}}$$

$$=\frac{|S_{22}|^{2}-\Gamma_{\mathrm{in}}S_{22}-\Gamma_{\mathrm{in}}^{*}S_{22}^{*}+|\Gamma_{\mathrm{in}}|^{2}}{|1-S_{22}\Gamma_{\mathrm{in}}|^{2}}=\frac{(S_{22}-\Gamma_{\mathrm{in}}^{*})(S_{22}^{*}-\Gamma_{\mathrm{in}})}{|1-S_{22}\Gamma_{\mathrm{in}}|^{2}}$$

$$=\frac{|(S_{22}-\Gamma_{\mathrm{in}}^{*})|^{2}}{|1-S_{22}\Gamma_{\mathrm{in}}|^{2}}=\frac{|\Gamma_{\mathrm{S}}-\Gamma_{\mathrm{in}}^{*}|^{2}}{|1-\Gamma_{\mathrm{S}}\Gamma_{\mathrm{in}}|^{2}}$$

故

$$|\Gamma_{\mathrm{INM}}|=\frac{|\Gamma_{\mathrm{S}}-\Gamma_{\mathrm{in}}^{*}|}{|1-\Gamma_{\mathrm{S}}\Gamma_{\mathrm{in}}|} \tag{5.58}$$

在 T_{O} 端的输出驻波比为

$$\mathrm{VSWR}_{\mathrm{OMN}}=\frac{1+|\Gamma_{\mathrm{OMN}}|}{1-|\Gamma_{\mathrm{OMN}}|} \tag{5.59}$$

同样可得 Γ_{OMN} 与放大管的输出端反射系数的关系为

$$\Gamma_{\mathrm{OMN}}=\left|\frac{\Gamma_{\mathrm{out}}-\Gamma_{\mathrm{L}}^{*}}{1-\Gamma_{\mathrm{L}}\Gamma_{\mathrm{out}}}\right| \tag{5.60}$$

式(5.58)和式(5.60)表明,若放大管的输入输出端是共轭匹配,则在 T_{I} 和 T_{O} 端的驻波比均为1,匹配良好,此时增益最大。前面提到,噪声、带宽等指标也非常重要,兼顾这些指标导致驻波比增大。在系统设计中,驻波比取值有一定范围,尤其是多个单元电路级联场合,这样在放大器设计中,驻波比取定值时,保证其他指标性能的设计变得非常重要。

由式(5.58), $|\Gamma_{\mathrm{IMN}}|$ 为定值的 Γ_{S} 取值可由下面标准圆方程表示,即

$$|\Gamma_{\mathrm{S}}-d_{\mathrm{IMN}}|^{2}=r_{\mathrm{IMN}}^{2} \tag{5.61a}$$

式中

$$d_{\mathrm{IMN}}=\frac{(1-|\Gamma_{\mathrm{IMN}}|^{2})\Gamma_{\mathrm{in}}^{*}}{1-|\Gamma_{\mathrm{IMN}}\Gamma_{\mathrm{in}}|^{2}} \tag{5.61b}$$

$$r_{\mathrm{IMN}}=\frac{(1-|\Gamma_{\mathrm{in}}|^{2})|\Gamma_{\mathrm{IMN}}|}{1-|\Gamma_{\mathrm{IMN}}\Gamma_{\mathrm{in}}|^{2}} \tag{5.61c}$$

若 $\Gamma_{\mathrm{S}}=d_{\mathrm{IMN}}+r_{\mathrm{IMN}}\exp(\mathrm{j}\alpha)$, T_{I} 端驻波比肯定相等,故称等驻波比圆。必须注意的是,此时 Γ_{in} 是不变的,即输出端口的匹配网络是固定的。

由式(5.60)可得到保证 T_{O} 端驻波比为定值的等驻波比圆方程,即

$$|\Gamma_{\mathrm{L}}-d_{\mathrm{OMN}}|^{2}=r_{\mathrm{OMN}}^{2} \tag{5.62}$$

式中

$$d_{\mathrm{OMN}}=\frac{(1-|\Gamma_{\mathrm{OMN}}|^{2})\Gamma_{\mathrm{out}}^{*}}{1-|\Gamma_{\mathrm{OMN}}\Gamma_{\mathrm{out}}|^{2}},r_{\mathrm{OMN}}=\frac{(1-|\Gamma_{\mathrm{out}}|^{2})|\Gamma_{\mathrm{OMN}}|}{1-|\Gamma_{\mathrm{OMN}}\Gamma_{\mathrm{out}}|^{2}}$$

同样,此时要求输入端口的匹配网络是固定的。

式(5.61)和式(5.62)表明在 T_{I} 和 T_{O} 端不能同时得到等驻波比圆。若保证输入驻波

比是恒定的,则输出驻波比肯定变化,因为此时 Γ_{out} 是随 Γ_{S} 变化的;反之亦然。为了保证在 T_{I} 和 T_{O} 端同时具有较好的驻波比指标,实际中应采用输入和输出都不匹配的设计方案。但设计过程一般先采用一个端口匹配另一端口不匹配的设计方案,得到 Γ_{S} 和 Γ_{L} 的取值后,在保证驻波比指标的前提下使匹配端口失配,选取等驻波比圆上使另一端驻波比最小的反射系数进行匹配设计。

一般情况下,输入和输出不匹配设计时放大器的增益由式(5.26)或式(5.27)计算。上面提到放大器两端口皆不匹配的设计过程是先保证一个端口匹配时进行电路设计,再使匹配端口失配进行后续设计。实际上,最终的转换增益 G_{T} 与一个端口匹配时的功率增益 G 或资用功率增益 G_{A} 间存在简单的关系。先考察输入端口,在 T_{I} 端的输入功率 P_{in} 可以表示为

$$P_{\text{in}} = \frac{1}{2}|b'_{\text{S}}|^2(1-|\Gamma_{\text{IMN}}|^2) \tag{5.63}$$

式中,b'_{S} 为信号波源。在放大管的输入端的输入功率 P_{in} 可以表示为

$$P_{\text{in}} = \frac{1}{2}|b_{\text{S}}|^2\frac{(1-|\Gamma_{\text{in}}|^2)}{|1-\Gamma_{\text{S}}\Gamma_{\text{in}}|^2} \tag{5.64}$$

式中,b_{S} 为在此端口的等效信号波源。若将输入匹配网络视为一个二端口网络,则

$$b_{\text{S}} = \frac{S_{21}}{1-S_{11}\Gamma'_{\text{S}}}b'_{\text{S}} = S_{21}b'_{\text{S}}, \Gamma_{\text{S}} = S_{22} + \frac{S_{21}S_{12}\Gamma'_{\text{S}}}{1-S_{11}\Gamma'_{\text{S}}} = S_{22}$$

由于匹配网络互易无耗,$|S_{21}|^2 = 1-|S_{22}|^2$,故 $|b_{\text{S}}|^2 = (1-|\Gamma_{\text{S}}|^2)|b'_{\text{S}}|^2$,通过上述两端口的功率应相等,由式(5.63)及式(5.64)得

$$1-|\Gamma_{\text{IMN}}|^2 = \frac{(1-|\Gamma_{\text{S}}|^2)(1-|\Gamma_{\text{in}}|^2)}{|1-\Gamma_{\text{S}}\Gamma_{\text{in}}|^2} \tag{5.65}$$

比较式(5.27a)和式(5.28),可以得到转换增益 G_{T} 与功率增益 G 间的简单关系为

$$G_{\text{T}} = (1-|\Gamma_{\text{IMN}}|^2)G \tag{5.66}$$

实际设计中,利用式(5.66)能够很好地权衡转换功率增益和驻波比这两项指标,为设计带来极大便利,同样可以得到

$$G_{\text{T}} = (1-|\Gamma_{\text{OMN}}|^2)G_{\text{A}} \tag{5.67}$$

例 5.9 在例5.8的基础上设计输入和输出都不匹配方案的放大器,给出噪声、输出驻波比及增益。

解 在例5.8中,$\Gamma_{\text{S}} = -0.09017+\text{j}0.2955$,$\Gamma_{\text{L}} = -0.0249+\text{j}0.2373$,由式(5.59)和式(5.60)可以得到输出 T_{O} 端驻波比为2.1628,因为输入是匹配的,所以输入 T_{I} 端驻波比为1。

为改善输出驻波比,使输入端口失配,由式(5.61)在图5.30中画出了输入 T_{I} 端驻波比分别为1.5、1.72和2的等驻波比圆。

在输入驻波比为1.72的等驻波比圆上移动时,输入驻波比恒为1.72,但 Γ_{S} 不同,输出驻波比、噪声系数也会变化。在输入驻波比圆上移动 Γ_{S} 时,输出驻波比、噪声系数及增益示于图5.31。为了图例更紧凑,图中增益是实际增益减9dB后的值。

从图5.31可以看到,随 Γ_{S} 在等驻波比圆上转一周,输出驻波比及噪声系数是变化的。

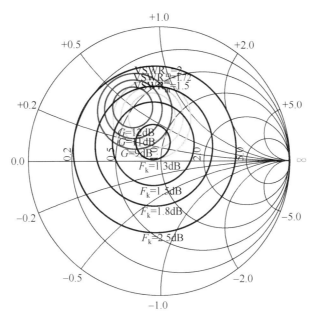

图 5.30　等驻波比及等噪声系数圆

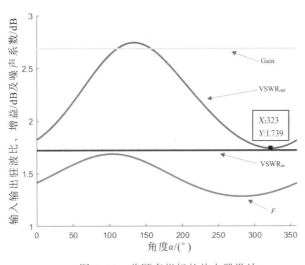

图 5.31　兼顾多指标的放大器设计

在角度 α 取 $323°$ 时,即 $\Gamma_S=0.1081+j0.1316$,输出驻波比最小,为 1.739;此时噪声系数为 1.320;增益为 11.684。

此时 $\Gamma_S=0.1081+j0.1316$,$\Gamma_L=-0.0249+j0.2373$。由于 Γ_L 没有改变,所以输出端匹配电路不变,与例 5.7 相同;在输入端从源阻抗出发,先串联电抗为 $-j26.5705$ 的电容,再并联电纳为 $-j0.0125$ 的电感可以实现匹配。

在仿真平台上得到的噪声系数、驻波比及 S 参量频率特性曲线如图 5.32 所示。在工作频率处,噪声系数、输入输出端驻波比及增益与设计值一致。

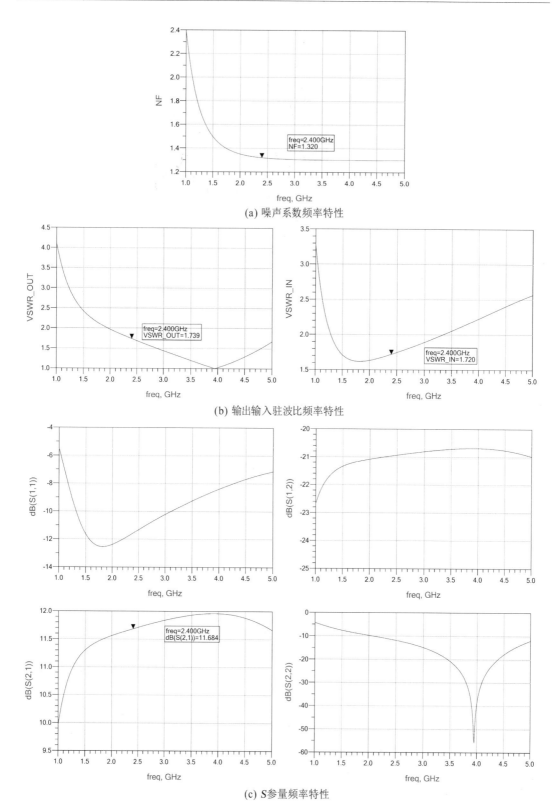

(a) 噪声系数频率特性

(b) 输出输入驻波比频率特性

(c) S 参量频率特性

图 5.32　例 5.9 放大器综合设计仿真结果

5.6　宽带放大器设计

在射频领域,设计宽带放大器的主要障碍是受到有源器件增益——带宽积的制约,因为任何有源器件的增益在高频段都具有逐渐下降的特征。利用频率补偿原理,使得放大器在高频段匹配较好,使高频段的增益尽量大;而在低频段失配,降低低频段的增益,可以实现增益在较宽频段的平坦性。由于在低频段是失配的,低频段的驻波比性能变差。

下面利用频率补偿方法,采用 HP-AT41410 晶体管设计一个宽带放大器。这一型放大管的 S 参量和噪声参量如表 5.1 所示。

从表 5.1 可以看到,S_{21} 在 2.0GHz,3.0GHz 和 4.0GHz 时分别是 11.4dB,8.2dB 和 5.9dB,可见 S_{21} 的幅值随频率的增加而减小。

表 5.1(a)　HP-AT41410 的典型散射参量

Freq/GHz	S_{11}		S_{21}			S_{12}			S_{22}	
	Mag.	Ang.	dB	Mag.	Ang.	dB	Mag.	Ang.	Mag.	Ang.
0.1	0.61	−40	27.7	24.38	159	−40.0	0.010	75	0.94	−13
0.5	0.60	−127	22.2	12.83	110	−30.4	0.030	40	0.62	−33
1.0	0.60	−163	17.1	7.12	86	−28.2	0.039	35	0.50	−38
1.5	0.60	−179	13.8	4.89	71	−27.5	0.042	45	0.46	−42
2.0	0.61	165	11.4	3.72	59	−26.0	0.050	42	0.45	−48
2.5	0.61	157	9.7	3.04	52	−24.7	0.058	46	0.44	−52
3.0	0.62	149	8.2	2.56	42	−23.9	0.064	50	0.44	−58
3.5	0.63	140	7.0	2.23	31	−22.3	0.077	48	0.46	−68
4.0	0.62	130	5.9	1.96	20	−21.3	0.086	44	0.48	−78
4.5	0.61	120	4.9	1.76	10	−20.4	0.095	41	0.50	−85
5.0	0.61	106	4.0	1.59	−1	−18.9	0.113	38	0.52	−91
5.5	0.62	94	3.2	1.45	−11	−18.3	0.121	33	0.52	−97
6.0	0.66	82	2.4	1.31	−22	−17.5	0.133	30	0.51	−105

表 5.1(b)　HP-AT41410 的典型噪声参量

Freq/GHz	NF_0/dB	Γ_{opt}		$R_N/50$
		Mag	Ang	
0.1	1.2	0.12	4	0.17

续表

Freq/GHz	NF$_o$/dB	Γ_{opt}		R$_N$/50
		Mag	Ang	
0.5	1.2	0.10	23	0.17
1.0	1.3	0.06	49	0.16
2.0	1.6	0.26	172	0.16
4.0	3.0	0.46	−133	0.26

首先考察晶体管的稳定性,各频率点的稳定因子如表 5.2 所示。可见,在 2～4GHz 范围内,$K>1$,$|\Delta|<1$,晶体管绝对稳定。

表 5.2　晶体管各频点的稳定因子

f/GHz	2	2.5	3	3.5	4
K	1.1752	1.2576	1.3241	1.1828	1.1985
$|\Delta|$	0.1086	0.0958	0.1090	0.1212	0.1373

再次在 4GHz 处进行双共轭匹配设计,经过计算可得 $\Gamma_{MS}=-0.55-j0.61$,$\Gamma_{ML}=0.20+j0.73$,代入增益表达式可得 G_T 为 12.2586。根据 Γ_{MS} 和 Γ_{ML} 可设计匹配网络,如图 5.33 所示。

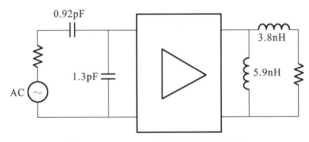

图 5.33　4GHz 处双共轭匹配设计

根据该匹配网络,可计算得到所设计放大器在 3GHz 和 2GHz 的反射系数和增益,如表 5.3 所示。

表 5.3　2～4GHz 双共轭匹配设计时的反射系数和增益

f/GHz	Γ_S	Γ_L	G_T
4	−0.5457−j0.6117	0.1980+j0.7325	12.2586
3	−0.4304−j0.6862	0.0191+j0.6997	5.3829
2	−0.2023−j0.7947	−0.1657+j0.6389	3.5609

由表 5.3 可见,在 4GHz 处采用双共轭匹配,增益很大,但在低频段增益下降过多。下面采用输入匹配输出不匹配方案,降低 4GHz 处的增益,提高低频段的增益。将 4GHz 处的增益设计为 10.2,可以在 Γ_S 平面画出等噪声系数圆及映射到 Γ_S 平面的等增益圆。为兼顾噪声系数,尽量将 Γ_S 选在等噪声系数圆内部。选择 Γ_S 为 $-0.4512-j0.5715$,计算得到 Γ_L 为 $0.2512+j0.4374$。由 Γ_S 和 Γ_L 所设计的匹配电路如图 5.34 所示。

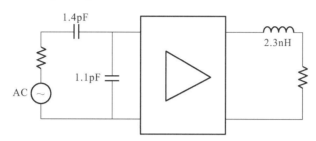

图 5.34　4GHz 处增益为 10.2 的匹配设计

该匹配网络所对应的反射系数和增益如表 5.4 所示。

表 5.4　1~4GHz 频带范围内的反射系数和增益

f/GHz	Γ_S	Γ_L	G_T	G_T/dB
4.0	$-0.4512-j0.5715$	$0.2512+j0.4374$	10.2	10.086
3.5	$-0.4153-j0.5881$	$0.2032+j0.4015$	11.5626	10.6306
3.0	$-0.3445-j0.6094$	$0.1531+j0.3587$	10.2439	10.1047
2.5	$-0.2938-j0.6353$	$0.1162+j0.3195$	10.4986	10.2113
2.0	$-0.1725-j0.6784$	$0.0754+j0.2593$	10.5763	10.2433
1.5	$-0.0382-j0.729$	$0.0448+j0.2052$	10.6421	10.2703
1.0	$0.2299-j0.7663$	$0.0222+j0.1483$	10.7819	10.3270

可以看到,在 1~4GHz 的频带范围内,增益平坦度为 0.5446dB,较好地达到了增益的宽带性能。

由式(5.57)和式(5.59)可以求得放大器两端的驻波比指标,如表 5.5 所示。

表 5.5　宽带放大器两端的驻波比

f/GHz	$VSWR_{IMN}$	$VSWR_{OMN}$
4.0	1	2.1114
3.5	2.1577	1.8302
3.0	3.8259	1.9405
2.5	5.6314	2.2104
2.0	8.8142	2.3617

f/GHz	$\mathrm{VSWR_{IMN}}$	$\mathrm{VSWR_{OMN}}$
1.5	15.1764	2.4301
1.0	32.9608	2.6782

由表 5.5 可见,在高频段驻波比低,在低频段驻波比高,以提高驻波比为代价,实现增益的平坦性。

5.7 大功率放大器

大功率放大器的设计同样要在晶体管 S 参量或输入输出阻抗已知的条件下进行。由于功率大,放大器往往工作在非线性区,此时功率压缩及交调失真等指标是大功率放大器设计时必须考虑的。

5.7.1 功率压缩与动态范围

对于放大管,当输入功率达到一定值时,输出功率不再随输入功率线性增加,增益会降低,放大器的增益比理想放大器增益小,1dB 的点定义为 1dB 功率压缩点,如图 5.35 所示。此时的输出功率称为放大器的功率容量,记为 $P_{\mathrm{out,1dB}}$,其相应的输入功率记为 $P_{\mathrm{in,1dB}}$。

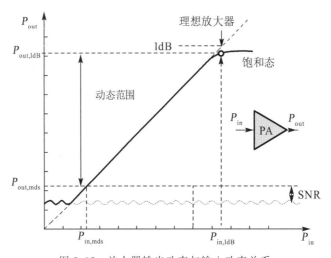

图 5.35 放大器输出功率与输入功率关系

动态范围是放大器的另一个主要指标,即

$$d_{\mathrm{R}} = P_{\mathrm{out,1dB}} - P_{\mathrm{out,mds}} \tag{5.68}$$

式中,$P_{\mathrm{out,mds}}$ 是放大器所要求最小输入信号 $P_{\mathrm{in,mds}}$ 的输出功率,其量值比放大器的噪声输出功率 $P_{\mathrm{n,out}}$($=KT_0BFG$,F 为噪声系数)大 SNR,SNR 一般为 3dB,即

$$P_{\mathrm{out,mds}} = P_{\mathrm{n,out}} + \mathrm{SNR} \tag{5.69}$$

5.7.2　交调失真与无失真动态范围

由于非线性效应,大功率信号会导致高阶信号产生。只考虑到三阶项的非线性放大器的传输特性为

$$V_o = a_1 V_i - a_2 V_i^2 - a_3 V_i^3$$

当放大器输入端为单频正弦信号 $V_i \sin(\omega_1 t)$ 时,利用恒等式 $\sin 2x = 1/2 - 1/2\cos 2x$, $\sin 3x = 3/4\sin x - 1/4\sin 3x$,得到输出信号为

$$V_o = a_1 V_i \sin(\omega_1 t) - a_2 V_i^2 [1/2 - 1/2\cos(2\omega_1 t)] - a_3 V_i^3 [3/4\sin(\omega_1 t) - 1/4\sin(3\omega_1 t)]$$

由上式可以看到,二阶失真对输出信号频谱的影响是出现了直流和倍频成分,三阶失真的影响是出现了三倍频和新的基频,新的基频的最终影响要看 a_3 。

实际的信号包含一定频率范围,为了解非线性放大器对输入多频率信号的影响,可以考察输入双频信号 $V_{i1}\sin(\omega_1 t)$, $V_{i2}\sin(\omega_2 t)$ 的情况。与单频类似处理,可得

$$V_o = a_1 [V_{i1}\sin(\omega_1 t) + V_{i2}\sin(\omega_2 t)]$$

$$- a_2 \{V_{i1}^2/2[1-\cos(2\omega_1 t)] + V_{i2}^2/2[1-\cos(2\omega_2 t)] + V_{i1}V_{i2}[\cos(\omega_1 - \omega_2)t - \cos(\omega_1 + \omega_2)t]\}$$

$$- a_3 \{3/4V_{i1}[3\sin(\omega_1 t) - \sin(3\omega_1 t)] + 3/4V_{i2}[3\sin(\omega_2 t) - \sin(3\omega_2 t)]$$

$$+ 3/2V_{i1}^2 V_{i2}[\sin(\omega_2 t) - \cos(2\omega_1 t)\sin(\omega_2 t)] + 3/2V_{i1}V_{i2}^2[\sin(\omega_1 t) - \cos(2\omega_2 t)\sin(\omega_1 t)]\}$$

将最后一行相乘的两项展开,得到其频率分别为 $2f_1 + f_2$ 、$2f_1 - f_2$ 、$2f_2 + f_1$ 及 $2f_2 - f_1$,因为 f_1 与 f_2 接近,$2f_1 - f_2$ 及 $2f_2 - f_1$ 与输入频率 f_1 和 f_2 也是接近的,工程中它们称为三阶交调失真,记为 IM3。

从上面可以看到,在大功率的放大器中工作会有其他频率分量信号产生,其他频率的产生意味着信号的失真,其中包括谐波失真及交调失真。实际系统工程中,交调信号的产生一般来源于以下三方面:发射机交调、接收机交调和外部效应引起的交调。发射机交调是由于直放站在多个发射机(载波)同时工作时,因合路器系统的隔离度不够而导致信号相互耦合、干扰信号侵入发射机末级功率放大器,从而与有用信号之间合成交调产物,并随有用信号发射,造成干扰。接收机交调主要是由高放级以及第一混频级电路的非线性所引起。外部效应引起的交调主要是发射机馈线、高频滤波器等无源电路接触不良,以及异种金属的接触部分非线性等原因,使强电场的发散信号引起交调,产生干扰。

所有失真信号中,三阶交调信号 IM3 与基波信号最靠近,如图 5.36 所示,通过滤波器等措施不能将它消除,所以系统设计时必须认真考虑三阶交调。

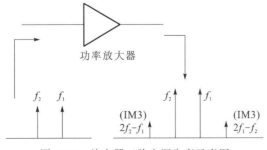

图 5.36　放大器三阶交调失真示意图

将三阶交调失真记为 IMD,参看图 5.36,其定义为

$$\text{IMD} = P_{\text{out}}(f_2) - P_{\text{out}}(f_2 - 2f_1) \tag{5.70}$$

高阶交调信号一旦产生,其功率随输入信号的增加率快于基波信号,基波线性增加,二阶信号平方律增加,三阶信号三次方增加,如图 5.37 所示。若将图中基波信号及三阶交调信号的线性部分延伸,可得所谓的三阶交调截点,记为 IP3。此点对应的输入输出功率分别记为 IIP3 和 OIP3。三阶交调截点 IP3 越大,放大器对三阶交调失真的抑制越强,与 1dB 功率压缩点一样,是大信号放大器的另一个重要指标。

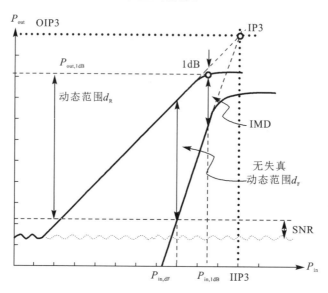

图 5.37　交调失真及三阶交调截点

无失真动态范围 d_F 表示输出信号中无三阶交调信号时最大输出功率,其计算公式为

$$d_F(\text{dB}) = 2/3[\text{OIP3}(\text{dBm}) - P_{\text{out,mds}}(\text{dBm})] \tag{5.71}$$

此时对应的输入功率 P_{in,d_F} 为

$$P_{\text{in},d_F} = \text{IIP3} - 1/3[\text{OIP3} - P_{\text{out,mds}}] \tag{5.72}$$

由图 5.29 也可以得到输入功率为最大允许功率 $P_{\text{in,1dB}}$ 时的交调失真 IMD 为

$$\text{IMD} = P_{\text{out,1dB}} - [\text{OIP3} - 3(\text{IIP3} - P_{\text{in,1dB}})] = 2(\text{OIP3} - P_{\text{out,1dB}}) - 3 \tag{5.73}$$

例 5.10　双频放大器的增益为 10dB,输入信号为 -10dBm 时,干扰输出 IM3 = -50dBm,试计算:(1)IMD 及 OIP3;(2)输入信号为 -20dBm 时的干扰输出 IM3 及 IMD。

解　(1) -10dBm 输入时的 IMD 为

$$\text{IMD} = 0 - (-50\text{dBm}) = 50\text{dB}$$

$$\text{OIP3} = P_{\text{out}} + (P_{\text{out}} - \text{IM3})/2 = 25\text{dBm}$$

(2) -20dB 时干扰输出为

$$\text{IM3} = -50\text{dBm} + 3[-20\text{dBm} - (-10\text{dBm})] = -80\text{dBm}$$

有用输出信号为

$$-20\text{dBm} + 10\text{dBm} = -10\text{dBm}$$

信号与干扰信号的差值为
$$\text{IMD} = -10\text{dBm} - (-80\text{dBm}) = 70\text{dB}$$

5.7.3 多级放大器

如果单级放大不能实现功率增益指标,则必须采用多级放大。下面从增益、噪声及交调等方面分析多级放大器的特性。

图 5.38 是一个两级放大级联网络,各级增益及噪声系数分别为 G_1,G_2,F_1,F_2。

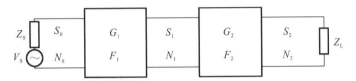

图 5.38　两级放大级联网络

在线性工作条件下,两级放大的总功率增益为
$$G = G_1 G_2 \tag{5.74}$$

下面推导两级级联网络的总噪声系数 F 与各级噪声系数 F_1,F_2 的关系。假定级联网络间的有用信号及噪声信号分别为 S_0,S_1,S_2 及 N_0,N_1,N_2,则总噪声系数为
$$F = (S_0/N_0)/(S_2/N_2) \tag{5.75}$$

而
$$S_2 = G_1 G_2 S_0 \tag{5.76}$$
$$N_2 = G_2 N_1 + kTe_2 BG_2 \tag{5.77}$$
$$N_1 = G_1 N_0 + kTe_1 BG_1 \tag{5.78}$$

式中,Te_i 为第 i 级等效噪声温度。Te_i 与该级噪声系数 F_i 的关系为
$$Te_i = (F_i - 1)T_0 \tag{5.79}$$

整理可得
$$F = F_1 + (F_2 - 1)/G_1 \tag{5.80}$$

如果是 n 级放大级联,则总功率增益 G 与总噪声系数 F 和各级增益及噪声系数的关系为
$$G = G_1 G_2 \cdots G_n \tag{5.81}$$
$$F = F_1 + (F_2 - 1)/G_1 + \cdots + (F_{n-1})/(G_1 G_2 \cdots G_{n-1}) \tag{5.82}$$

可以看到,多级放大提高增益的同时也增加了噪声系数,但噪声系数的主要贡献来自第一级放大。如果第一级放大器噪声系数 F_1 很低,同时提供足够增益 G_1,那么整个级联网络的总噪声系数 F 可控制在较低水平,所以在射频微波接收系统中紧接天线的一般都是低噪放大器。

动态范围及三阶交调失真度 IMD 是放大器的另两个重要指标,多级级联对它们的影响可以通过对三阶交调截点 IP3 的影响来判断。若用 OIP3,IIP3 分别表示三阶交调输出截点和输入截点,则级联后的总三阶交调输出截点和输入截点与各级值的关系为

$$1/\mathrm{OIP3}=1/\mathrm{OIP3}_n+1/(\mathrm{OIP3}_{n-1}.G_n)+\cdots+1/(\mathrm{OIP3}_1.G_nG_{n-1}\cdots G_2) \quad (5.83)$$

$$1/\mathrm{IIP3}=1/\mathrm{IIP3}_1+G_1/\mathrm{IIP3}_2+\cdots+(G_1G_2\cdots G_{n-1})/\mathrm{IIP3}_n \quad (5.84)$$

根据上面两式,级联后的总三阶交调输出截点 OIP3 比最后一级 $\mathrm{OIP3}_n$ 小,总三阶交调输入截点 IIP3 比第一级 $\mathrm{IIP3}_1$ 要小,所以多级级联会增加 IMD、缩小系统动态范围,这要求在系统设计时综合考虑这些指标以确定级联级数。

习　　题

1.已知晶体管的 S 参量在传输线特性阻抗为 50Ω 时测得 $S_{11}=0.57\angle170$,$S_{12}=0.066\angle69$,$S_{21}=2.97\angle71$,$S_{22}=0.46\angle-26$。其输入端与 $V_S=3\angle0$,$Z_S=50\Omega$ 的电压源连接,输出端口接 $Z_{in}=46\Omega$ 的天线。求放大器的入射功率 P_{inc},电源的资用功率 P_A,负载的吸收功率 P_L,转换功率增益 G_U,资用功率增益 G_A 及功率增益 G。

2.已知晶体管的 S 参量为 $S_{11}=0.57\angle-80$,$S_{12}=0.016\angle169$,$S_{21}=1.79\angle74$,$S_{22}=0.85\angle-26$。考察晶体管的稳定性,求使晶体管有最大增益的源反射系数及负载反射系数,并设计增益最大的放大器。

3.已知晶体管的 S 参量为 $S_{11}=1.25\angle-80$,$S_{12}=0.016\angle9$,$S_{21}=6.7\angle124$,$S_{22}=0.75\angle-36$。分别用输入匹配输出不匹配及输入不匹配输出匹配两种方案设计放大器,使其增益为最大可能增益的 70%。

4.已知晶体管的 S 参量及噪声参数如下:

Freq. /GHz	S_{11}	S_{21}	S_{12}	S_{22}	F_{min} /dB	Γ_{opt}	R_n /Ω
0.9	$0.85\angle-42$	$3.15\angle137$	$0.08\angle61$	$0.92\angle-24$	0.4	$0.92\angle19$	1.33
1.8	$0.63\angle-78$	$2.53\angle102$	$0.13\angle41$	$0.80\angle-40$	0.9	$0.83\angle43$	0.98
2.4	$0.50\angle-100$	$2.17\angle84$	$0.14\angle32$	$0.73\angle-48$	1.3	$0.76\angle60$	0.74

设计一个低噪声宽带放大器,要求增益大于 7dB,噪声系数小于 1.5dB。

5.在网上找 4 至 5 款射频管,根据其 data sheet 信息画出等噪声系数圆和等增益圆的分布情况,判断其作为低噪放大器的优劣。

第6章 振荡器和混频器

6.1 振荡器

以往的振荡器设计要求电路满足 Barkhausen 判据,即振荡器放大单元的传递函数 $H_{\mathrm{A}}(\omega)$ 与反馈单元的传递函数 $H_{\mathrm{F}}(\omega)$ 之积等于 1。但对于更高频率的振荡器设计,必须采用反射系数和传输系数以及相应的 S 参量来描述电路的特性。

6.1.1 基本振荡器

射频微波振荡器分析模型如图 6.1 所示。

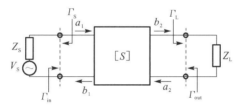

图 6.1 射频微波振荡器分析模型

输入端口的波变量满足下列条件:

$$b_1 = \Gamma_{\mathrm{in}} a_1 \tag{6.1}$$

$$a_1 = b_{\mathrm{S}} + \Gamma_{\mathrm{S}} b_1 \tag{6.2}$$

由式(6.1)及式(6.2)可得

$$\frac{b_1}{b_{\mathrm{S}}} = \frac{\Gamma_{\mathrm{in}}}{1 - \Gamma_{\mathrm{S}} \Gamma_{\mathrm{in}}} \tag{6.3}$$

考察式(6.3),如果在某个频率下,有

$$1 - \Gamma_{\mathrm{S}} \Gamma_{\mathrm{in}} = 0 \tag{6.4}$$

则电路处于不稳定状态并开始振荡。

同样考察输出端口可得到振荡条件为 $\Gamma_{\mathrm{L}} \Gamma_{\mathrm{out}} = 1$。如果考虑稳定系数 k,则上述振荡条件可以归纳为

$$\begin{aligned} &k < 1 \\ &\Gamma_{\mathrm{S}} \Gamma_{\mathrm{in}} = 1 \\ &\Gamma_{\mathrm{L}} \Gamma_{\mathrm{out}} = 1 \end{aligned} \tag{6.5}$$

由于稳定系数 k 取决于有源器件的 S 参量，所以必须选择恰当的器件来设计振荡器。

如果输入或输出任何一个端口符合振荡条件，则另一端口都将产生振荡。若输入端口符合振荡条件，则

$$\frac{1}{\Gamma_{in}}=\frac{1-S_{22}\Gamma_L}{S_{11}-D\Gamma_L}=\Gamma_S \tag{6.6}$$

即

$$\Gamma_L=\frac{1-S_{11}\Gamma_S}{S_{22}-D\Gamma_S} \tag{6.7}$$

由式(2.22b)，Γ_{out} 可表示为

$$\Gamma_{out}=\frac{S_{22}-D\Gamma_S}{1-S_{11}\Gamma_S} \tag{6.8}$$

所以，$\Gamma_L=1/\Gamma_{out}$，即输出端口也满足振荡条件。

一个实际的振荡器设计步骤如下。

(1)要选择恰当的振荡管，使稳定系数 k 小于1。为了使后面的匹配设计少受限制，往往将单位圆大部分区域或者全部区域设为非稳定区。对于共基极晶体管采取在其基极上连接反馈电感或电容来增加其不稳定性，如图 6.2 所示。电抗量的取值使稳定系数 k 最小，具体求解步骤为：①将晶体管的 S 参量变换为阻抗参量；②将晶体管的阻抗参量与电感的阻抗参量相加后，再将总的阻抗参量变换为 S 参量；③由稳定系数 k 确定电抗值。

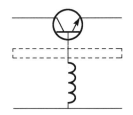

图 6.2　反馈电抗增强非稳定性

(2)选择合适的 Γ_S，使 $|\Gamma_{out}|>1$。由式(6.8)可知，$\Gamma_S=S_{11}^{-1}$，$|\Gamma_{out}|$ 取值最大，为无穷。但在实际设计时，Γ_S 非常靠近 S_{11}^{-1}。这是因为若 $|\Gamma_{out}|$ 为无穷，则由振荡条件式(6.5)，$\Gamma_L=0$，这要求负载严格匹配，此时，振荡器将对负载的变化十分敏感。Γ_L 的取值由 $\Gamma_L\Gamma_{out}=1$ 确定。

(3)由 Γ_L，Γ_S 取值设计相应匹配电路。在设计输出端口匹配电路时，要注意的问题是，当振荡输出功率增大时，振荡管的 S 参量会发生变化。在振荡时，向振荡管看过去的输出阻抗的实部是负数，即振荡管呈现负阻特性。S 参量的变化会导致负阻成分减小，因此输出匹配电路的设计要考虑这一因素。由 $\Gamma_L\Gamma_{out}=1$ 可得，$Z_L=-Z_{out}$，即 $R_L=-R_{out}$。考虑负阻成分减小，$R_L<-R_{out}$。

另外，生产厂家所提供的晶体管或场效应管的 S 参量一般都是在共射极或共源极模式下的，在设计振荡器时共基极及共栅极模式是更常采用的，所以需要把在共射极或共源极模式下的 S 参量转换为共基极及共栅极模式下的 S 参量。这一转换是这样完成的，对于晶体

管,先将共发射极模式下的 S 参量转换为 Y 参量,再将共发射极模式下的 Y 参量转换到共基极模式,最后将共基极模式的 Y 参量转换为 S 参量。其中 Y 参量从共发射极模式到共基极模式的变换公式为

$$Y_{11}^{b}=Y_{11}^{e}+Y_{12}^{e}+Y_{21}^{e}+Y_{22}^{e}, \quad Y_{12}^{b}=-Y_{22}^{e}-Y_{12}^{e}, \quad Y_{21}^{b}=-Y_{22}^{e}-Y_{21}^{e}, \quad Y_{22}^{b}=Y_{22}^{e}$$

对于场效应管的情况同样处理。

下面通过举例说明用两端口网络设计振荡器的方法。

例 6.1 在 5GHz 时,场效应管的共源极下的 S 参量为 $S_{11}=0.970\angle-32.7$,$S_{12}=0.05\angle49.4$,$S_{21}=4.50\angle155.7$,$S_{22}=0.588\angle-25.6$。设计一个负载阻抗为 50Ω 的 5GHz 振荡器。

解 首先将共源极 S 参量转换为共栅极 S 参量,求得共栅极 S 参量为

$$S_{11}=-0.4369-j0.0027, \quad S_{12}=0.1010+j0.0354,$$
$$S_{21}=1.4330-j0.1488, \quad S_{22}=0.8860-j0.1109$$

共栅极时的 Rollett 稳定系数为

$$k=(1-|S_{11}|^2-|S_{22}|^2+|D|^2)/(2|S_{12}S_{22}|)=0.9750$$

尽管 $k<1$ 表明晶体管具有潜在的不稳定性,但在栅极上连接电感以增加其不稳定性。电感取值为 5.5nH 时,稳定系数 $k=-0.8609$。这时 S 参量为

$$S_{11}=-1.0097+j0.0535, \quad S_{12}=-0.1814+j0.1052,$$
$$S_{21}=1.9915-j0.3021, \quad S_{22}=1.1541-j0.2282$$

所对应的输入稳定性判定圆如图 6.3(a)所示,从图中可以看到使场效应管处于非稳定状态时的反射系数 Γ_S 取值范围。若选择 $\Gamma_S=-0.999-j0.05$,得到相应源阻抗为

$$Z_S=\frac{1+\Gamma_S}{1-\Gamma_S}Z_0=-j1.3\Omega$$

该源阻抗可用开路短截线实现,其电长度为

$$\theta=\mathrm{arccot}\left(\frac{Z_S}{-jZ_0}\right)=88.05°$$

输出反射系数为

$$\Gamma_{out}=\frac{S_{22}-D\Gamma_S}{1-S_{11}\Gamma_S}=-30.4352+j6.6099$$

所对应的输出阻抗为

$$Z_{out}=\frac{1+\Gamma_{out}}{1-\Gamma_{out}}Z_0=-47+j0.64$$

为了使 $\Gamma_{out}\Gamma_L=1$ 成立,必须选择 $Z_L=-Z_{out}$。但是由于晶体管 S 参量与输出功率有关,所选择负载阻抗的实部略小于 $-R_{out}$。令 $Z_L=45-j0.64$。利用如图 6.3(b)所示的匹配网络可以实现阻抗变换。

计算可得传输线及开路短截线的电长度分别为 96°、45°,图 6.4 所示为最终设计结果。

对于厚度为 40mil 的 RF-4 介质基片,相对介电常数为 4.6,图 6.4 中的传输线几何尺寸(传输线特性阻抗均为 50Ω)如表 6.1 所示。

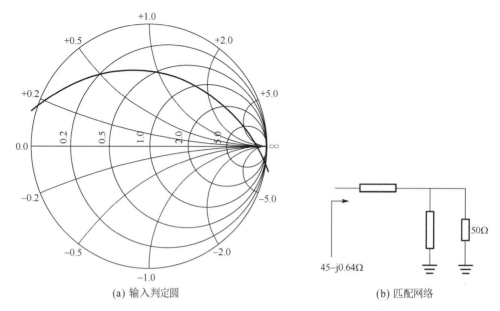

(a) 输入判定圆   (b) 匹配网络

图 6.3   输入判定圆及匹配网络

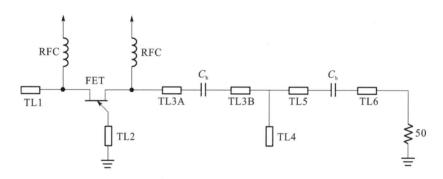

图 6.4   设计结果示意图

表 6.1   图 6.4 中的传输线几何尺寸

传输线编号	电长度/(°)	宽度/mil	长度/mil
TL1	88	74	310
TL2	74	74	260
TL3	96	74	338
TL4	45	74	158

在图 6.4 中,用传输线 TL2 代替了串联反馈电感。为了安装隔直电容 C_b,TL3 被分为两段:TL3A 和 TL3B。由于 TL5 和 TL6 直接与 50 Ω 负载相连,所以其长度可为任意值。

6.1.2　介质谐振振荡器

　　上述基本振荡器输出的信号在对信号源要求较高的场合一般不能满足要求,主要是品质因子较低。可以采用将介质谐振器(dielectric resonator,DR)置于上述微带线旁边的方法来提高输出信号质量。介质谐振器是一种由高介电常数($\varepsilon_r = 36 \sim 70$)、低损耗的介质材料制成的谐振器。

　　根据介质谐振器位置的不同,振荡器基本上可分为四种:输出加载带阻型、反射型、传输型和并联反馈型,如图 6.5 所示。它们各有特点,输出加载带阻型振荡器结构简单,稳频性能好,但通常有很高的杂散,不能提供低相噪。反射型振荡器与输出加载带阻型相比,更容易避免杂散振荡,此种结构的应用较为广泛。传输型振荡器是另一种常用形式,振荡功率通过介质谐振器传输给负载,当介质谐振器失谐时,电路不会产生任何振荡。并联反馈型振荡器利用介质谐振器达到产生振荡和稳频的双重目的。并联反馈型和传输型都利用两条微带线之间的介质谐振器在放大器设计的输入端和输出端提供频率选择性反馈环路。通常这两种结构的电路在调试时都不允许有太多的调整,而且建模较复杂。

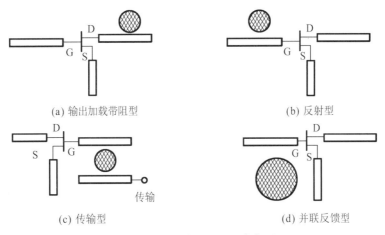

(a) 输出加载带阻型　　　　　　　　　　(b) 反射型

(c) 传输型　　　　　　　　　　(d) 并联反馈型

图 6.5　介质谐振器的电路类型

　　在使用介质谐振器设计振荡器时,往往将介质谐振器及其附近的微带线置于金属屏蔽盒内,如图 6.6 所示。圆柱介质体存在许多谐振模式,一种模式对应一个谐振频率。在谐振频率附近,微带线与圆柱介质体之间会产生电磁耦合作用,从而影响电路参数。调谐螺钉的作用是改变圆柱介质体的电磁场分布,引起圆柱介质体谐振频率的变化,达到对振荡器输出频率的微调目的。

　　微带线与圆柱介质体间的电磁耦合可以用传输线间插入一个并联谐振电路来等效,如图 6.7 所示。若圆柱介质体的谐振频率为 ω_0,固有品质因子为 Q_0,则它们与等效电路器件参数的关系为:

$$Q_0 = R/(\omega_0 L) = R\omega_0 C$$

若介质谐振器与微带线的耦合系数为 β,则

$$\beta = R/R_{\text{ext}}$$

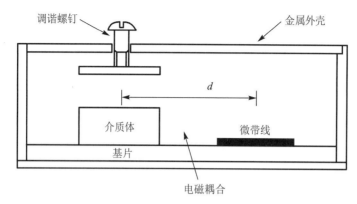

图 6.6 置于微带线旁边的介质谐振器

式中，R_{ext} 为外部电阻，由图 6.7 可知，$R_{ext} = 2Z_0$。

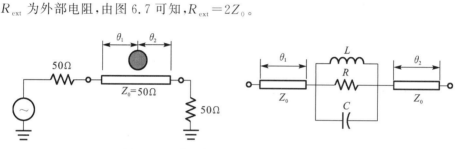

图 6.7 微带线旁介质体谐振器的等效电路

为了进行振荡器设计，将谐振器的等效电路视为一个二端口网络，此网络内部结构是串联阻抗，阻抗大小为

$$Z_{DR} = \frac{R}{1 + jQ_0\left(\dfrac{\omega^2 - \omega_0^2}{\omega\omega_0}\right)} \approx \frac{R}{1 + j2Q_0\Delta f/f_0} \tag{6.9}$$

在中心频率 f_0 处，$Z_{DR} = R$，相对于特性阻抗 Z_0 归一化，有 $Z_{DR} = R/Z_0 = 2\beta$，其散射参量为

$$[S]_{DR} = \begin{pmatrix} \dfrac{\beta}{\beta+1} & \dfrac{1}{\beta+1} \\[3mm] \dfrac{1}{\beta+1} & \dfrac{\beta}{\beta+1} \end{pmatrix} \tag{6.10}$$

把两端的传输线也包括进来，令 $\theta_1 = \theta_2 = \theta$（一般情况下如此），散射参量为

$$[S]_{DR} = \begin{pmatrix} 0 & e^{-j\theta} \\ e^{-j\theta} & 0 \end{pmatrix} \begin{pmatrix} \dfrac{\beta}{\beta+1} & \dfrac{1}{\beta+1} \\[3mm] \dfrac{1}{\beta+1} & \dfrac{\beta}{\beta+1} \end{pmatrix} \begin{pmatrix} 0 & e^{-j\theta} \\ e^{-j\theta} & 0 \end{pmatrix} = \begin{pmatrix} \dfrac{\beta e^{-j2\theta}}{\beta+1} & \dfrac{\beta e^{-j2\theta}}{\beta+1} \\[3mm] \dfrac{\beta e^{-j2\theta}}{\beta+1} & \dfrac{\beta e^{-j2\theta}}{\beta+1} \end{pmatrix} \tag{6.11}$$

例 6.2 采用场效应管（FET）设计工作频率为 5GHz 的介质谐振振荡器。已知场效应管在 5GHz 频点的 S 参量为 $S_{11} = 1.189 \angle 135$，$S_{12} = 0.005 \angle -43$，$S_{21} = 1.291 \angle 152$，$S_{22} = 0.964 \angle 151$，所使用的介质谐振器的参数为 $Q_0 = 5000$，$\beta = 7$。

解　采用反射型振荡器的电路结构,其电路图如图 6.8 所示。若电容 C_B 起隔直作用,则设计的任务是确定 θ 的大小及输出匹配电路。

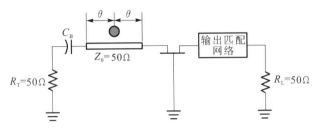

图 6.8　反射型振荡器电路图

前面提到,为了使振荡管的输出反射系数 $|\Gamma_{\text{out}}|$ 尽量大,必须使 Γ_S 尽量靠近 S_{11}^{-1}。由图 6.8 及式(6.11),$\Gamma_S = \dfrac{\beta e^{-j2\theta}}{\beta+1} = \dfrac{7}{8} e^{-j2\theta}$。其模值已经确定,为了接近 S_{11}^{-1},选择的 Γ_S 幅角等于 S_{11}^{-1} 的幅角。由已知条件,$\angle S_{11}^{-1} = -135°$,于是有 $\theta = 67.5°$,这就是 DR 两端微带线的电长度。

下面求出设计输出匹配电路的参数。$\Gamma_S = 0.875 \angle -135°$,于是输出反射系数为

$$\Gamma_{\text{out}} = S_{22} + S_{12}S_{21}\Gamma_S/(1-S_{11}\Gamma_S) = -0.9762 + j0.5322 = 1.1118 \angle 151.4$$

可得

$$\Gamma_L = 1/\Gamma_{\text{out}} = 0.8994 \angle -151.4°$$

这对应于阻抗 $Z_L = 2.82 - j12.71$。考虑负阻成分会减小,选择 $Z_L = 2.5 - j12.71$,最后将 $R_L = 50\Omega$ 匹配至 $Z_L = 2.5 - j12.71$,即完成设计。

为了看介质谐振器对提高信号质量的作用,将上述两种类型振荡器的输出反射系数随频率的变化特性示于图 6.9。从图中可以看到,使用了介质谐振器的振荡器输出信号质量优于一般的振荡器。

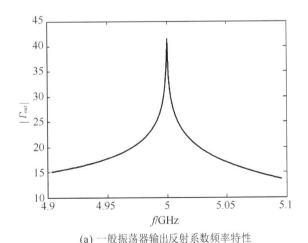

(a) 一般振荡器输出反射系数频率特性

图 6.9　两种类型振荡器的输出反射系数频率特性

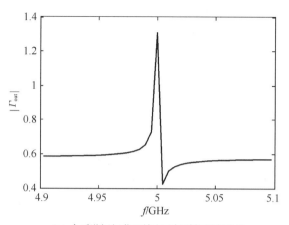

(b) 介质谐振振荡器输出反射系数频率特性

续图 6.9

6.1.3 YIG 调谐振荡器

介质谐振振荡器的振荡频率只能在谐振频率附近通过调谐螺钉进行微幅调整,最大幅度只能到 1% 左右。如果采用球形钇铁石榴石(YIG)磁调元件,则能设计出宽带可调振荡器,如图 6.10 所示。

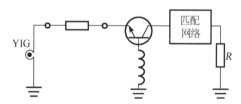

图 6.10   YIG 调谐振荡器电路图

图 6.10 中 YIG 小球的谐振频率取决于外加偏置磁场 H_0,即

$$\omega_0 = 2\pi\gamma H_0 \tag{6.12}$$

式中,γ 是旋磁比,为 2.8MHz/Oe。由于这种亚铁磁性材料的优良特性,频率调谐范围可以达到一个数量级。其无载品质因子为

$$Q_0 = \frac{-4\pi(M_S/3) + H_0}{H_L} \tag{6.13}$$

式中,M_S 为 YIG 小球的饱和磁化强度;H_L 为谐振线宽。饱和磁化强度 M_S 与磁矩的进动角频率 ω_m 的关系为

$$\omega_m = 8\pi^2\gamma M_S \tag{6.14}$$

为了进行振荡器设计,还需要得到外加磁场 YIG 小球的等效电阻 R,其表达式为

$$R = 4/3\pi a^3\omega_m Q_0/d^2 \tag{6.15}$$

式中,a 为 YIG 小球的半径;d 为耦合环的直径。

6.2　混频器

混频器的主要功能是将射频微波段的输入信号与本振信号相混合,利用混频管的非线性得到中频信号,或者将中频输入信号与本振信号相混合后得到射频微波信号。它完成信号频率从射频微波频率到中频频率或者中频到射频微波频率的变换。

射频微波混频器的工作原理与其他频率段混频器的相同。但射频微波混频器在设计上有其特殊要求,一般来说有以下三点:①有用输入信号与本振信号应有良好隔离度;②混频管的输入端应有阻抗匹配电路以减少有用输入信号及本振信号的失配损耗;③混频管的输入端及输出端应有滤波电路以防止中频信号串入射频微波回路及射频微波信号串入中频回路。下面介绍单端及平衡混频器这两种常见射频微波混频器。

6.2.1　单端混频器

图 6.11 是微带单端混频器示意图,下面介绍其各部分的作用。输入信号与本振信号的混合由平行反向型定向耦合器完成。输入信号与本振信号分别由 1 口、3 口加入。输入信号从 1 口经直通臂到 2 口,再加载到微波混频管 D,但有部分功率耦合至另一臂,经 4 口被吸收负载吸收,导致信号功率的损耗。由于 1 口、3 口为隔离口,信号功率不会串入本振回路。本振以一定的耦合度经 2 口去混频管,也有相当部分功率经 4 口被吸收负载消耗。此设计较好地解决了信号与本振间的混合与隔离问题,但存在信号和本振功率损耗的问题,这是单端混频器的一个缺点。

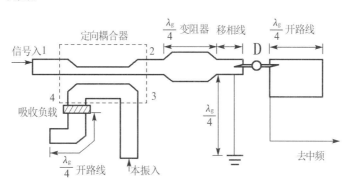

图 6.11　微带单端混频器示意图

混频管直接与定向耦合器连接可能造成功率的失配损耗,因此必须在它们之间加入阻抗匹配网络。图 6.11 中采用移相线使混频管输入阻抗变为纯电阻,再由 1/4 波长阻抗变换器实现与定向耦合器的匹配。

混频管的输出端由 1/4 波长开路线形成射频微波信号短路,中频信号由对射频微波信号呈现高阻的电感线引出。1/4 波长开路线及高阻电感线共同构成输出端低通滤波电路。为防止中频能量泄漏至本振及信号输入电路,图 6.11 中采用 1/4 波长高阻短路线提供中频至地通路,由于其对射频微波呈现开路,所以没有影响。

6.2.2 平衡混频器

图 6.12 是微带平衡混频器示意图。平衡混频器采用两支性能一致的混频管进行混频。其与单端混频器的最大区别在于信号与本振混合电路部分。混合电路采用 3dB 功分定向耦合器,在各端口匹配条件下,1 口、3 口为隔离口,这样本振与信号达到隔离的效果。1 口至 2 口、4 口及 3 口至 4 口、2 口都是功率平分。图中的阻抗匹配电路及滤波电路与单端混频器相同。

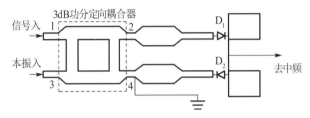

图 6.12　微带平衡混频器示意图

下面分析平衡混频原理。设信号和本振初始相位都是 0,考虑到 3dB 功分定向耦合器特性及 D_1 和 D_2 的接向,可写出加到 D_1 上的信号及保证电压分别为

$$v_{s1}(t) = V_s \cos(\omega_s t - \pi/2) \tag{6.16}$$

$$v_{L1}(t) = V_L \cos(\omega_L t - \pi) \tag{6.17}$$

加到 D_2 上的信号及保证电压为

$$v_{s2}(t) = V_s \cos(\omega_s t) \tag{6.18}$$

$$v_{L2}(t) = V_L \cos(\omega_L t + \pi/2) \tag{6.19}$$

D_1,D_2 在本振电压作用下的时变电导分别为

$$g_1(t) = g_0 + 2\sum_{n=1}^{\infty} g_n \cos n(\omega_L t - \pi) \tag{6.20}$$

$$g_2(t) = g_0 + 2\sum_{n=1}^{\infty} g_n \cos n(\omega_L t + \pi/2) \tag{6.21}$$

设 $\omega_s > \omega_L$,$\omega_{if} = \omega_s - \omega_L$,则一次混频电导项与信号电压相乘,得两混频管的中频电流分别为

$$i_{if1}(t) = g_1 V_s \cos[(\omega_s t - \pi/2) - (\omega_L t - \pi)] = g_1 V_s \cos(\omega_{if} t + \pi/2) \tag{6.22}$$

$$i_{if2}(t) = g_1 V_s \cos[\omega_s t - (\omega_L t + \pi/2)] = g_1 V_s \cos(\omega_{if} t - \pi/2) \tag{6.23}$$

D_1,D_2 产生的中频电流反相,而负载电流为二者相减,故

$$i_{if}(t) = 2g_1 V_s \cos(\omega_{if} t + \pi/2) \tag{6.24}$$

由上面看到,在平衡混频器中,信号及本振功率得到充分利用。相对于单端混频器,平衡混频器一方面降低了对本振功率的要求,另一方面使输入信号的动态范围增加了一倍。

平衡混频器的第二个优点是消除本振噪声。实际振荡器的频谱如图 6.13 所示。对于单端混频器,与本振频率之差落在中放带宽内的噪声频谱分量会经过混频变为中频噪声。但对于平衡混频器,两混频管的中频噪声电流会抵消。若将图 6.13 中放带宽内的噪声功率

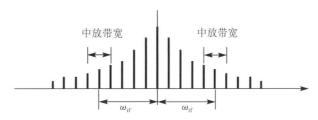

图 6.13　实际振荡器的频谱

用正弦信号功率等效,则其加到 D_1 和 D_2 上的表达式为

$$v_{n1}(t) = V_n \cos[(\omega_L \pm \omega_{if})t - \pi] \tag{6.25}$$

$$v_{n2}(t) = V_n \cos[(\omega_L \pm \omega_{if})t + \pi/2] \tag{6.26}$$

在本振电压作用下得到的中频噪声电流为

$$i_{n1}(t) = g_1 V_n \cos\omega_{if} t \tag{6.27}$$

$$i_{n2}(t) = g_1 V_n \cos\omega_{if} t \tag{6.28}$$

D_1 和 D_2 接向相反,因此在负载上中频噪声电流为

$$i_n(t) = i_{n1}(t) - i_{n2}(t) = 0 \tag{6.29}$$

与有用中频信号情况正好相反。

平衡混频器的第三个优点是能抑制部分因混频而产生的谐波组合频率成分,进而减少干扰和失真。平衡混频器中 D_1 和 D_2 产生的包含所有频率成分电流表达式为

$$i_1(t) = \sum_{n=-\infty}^{\infty} \sum_{m=-\infty}^{\infty} |I_{nm}| e^{j(-n\pi - m\pi/2)} e^{j(n\omega_L + m\omega_s)t} \tag{6.30}$$

$$i_2(t) = \sum_{n=-\infty}^{\infty} \sum_{m=-\infty}^{\infty} |I_{nm}| e^{j(n\pi/2)} e^{j(n\omega_L + m\omega_s)t} \tag{6.31}$$

负载上输出中频电流为

$$i(t) = i_1(t) - i_2(t) = \sum_{n=-\infty}^{\infty} \sum_{m=-\infty}^{\infty} |I_{nm}| e^{-jn\pi}(e^{-jn\pi/2} - e^{-jm\pi/2}) e^{j(n\omega_L + m\omega_s)t} = \sum_{n=-\infty}^{\infty} \sum_{m=-\infty}^{\infty} i_{nm}(t) \tag{6.32}$$

由式(6.32)可见,当 m 取值等于 n 时,$i_{nm}(t)$ 为零,即本振与信号的同次谐波的和频分量无输出。

由于上述几个优点,平衡混频器得到了广泛应用。

习　　题

1.已知 5.×××GHz 时场效应管共源极的 S 参量为 $S_{11} = 0.97\angle -32°$,$S_{12} = 0.05$ $\angle 49°$,$S_{21} = 4.50\angle 156°$,$S_{22} = 0.59\angle -26°$。设计 50Ω 负载的一般共栅极振荡器及反射型介质谐振振荡器。介质谐振器的参数为 $Q_0 = 5000$,$\beta = 7$。全部匹配电路采用分布参数器件(微带基板参数:介电常数为 4.2,介质材料厚度为 1.45mm,导带厚度为 0.035mm),并画出两种振荡器 $|\Gamma_{out}|$ 随频率变化曲线。(注:本题若在 ADS 平台上进行,可用库里面振荡管的

参数。)

2. 在 ADS 平台上设计一个 $5.5+0.\times\times\times$ GHz、系统特性阻抗为 50Ω 的振荡器,要求给出噪声特性、谐波特性及时域振荡特性。振荡管参数从网上下载,电子档报告请附上 data sheet。全部匹配电路采用分布参数器件(微带基板参数:介电常数为 2.2,介质材料厚度为 1.6mm,导带厚度为 0.035mm)。

第7章 频率合成器

频率合成器产生并输出各种频率信号,为电子系统提供所需的基准时钟和参考信号,其质量对于系统性能非常关键,比如通信系统中本振信号的精度和稳定性会直接影响接收数据的误码率,雷达频率源质量也会对目标检测性能产生影响,即使在数字系统中,时钟的偏移与抖动对于电路正常功能的实现和性能的提高具有关键作用,数模混合电路如 ADC 中采样时钟质量对于数据信噪比有直接影响。除了提供高质量的时钟与频率信号外,频率源技术还需要研究生成各种复杂波形的信号,比如雷达常用的线性调频信号、通信中常用的调频调幅信号等,这些对频率源技术也提出了更高的要求。

7.1 频率合成器的基本原理

到 20 世纪 40 年代,出现了锁相环(phase locked loop,PLL),其仍然是对基准频率进行数学运算,但使得频率源可以输出带宽更大、纯度更高的信号。PLL 本质上是一个反馈控制系统,因此其频率转换时间相对较长。

随着数字集成电路技术的进步,出现了直接数字频率合成(direct digital synthesizer,DDS)技术,该技术将信号波形按采样值存储在存储器中,在频率生成时则直接将采样值读出并经 DAC 转换为模拟频率信号。这种方法不仅可以生成任意波形的频率信号,而且频率转换速度快、分辨率高,但该方法输出信号频率受限于基准时钟、存储器读写速度以及存储位宽等,无法提供较高的输出频率。将 DDS 与 PLL 相结合,则可以互相弥补不足,从而提供更灵活、更优质的频率信号。

当前,随着微电子技术的发展,频率源电路也小型化、集成化,出现了商用的单片 PLL、DDS 等频率源集成电路,其功能和性能能够满足当前各种电子系统的复杂需求,如美国的 ADI、TI、mini-circuits 等公司以及我国的中国电子科技集团公司第 13 研究所、第 24 研究所等都有面向各种应用的频率源芯片产品。

频率合成器通常以一个高精度和高稳定度的参考频率信号作为基准,将其通过非线性电路实现倍频、分频,再将所得频率一起输入混频器等来实现对频率的加减乘除运算,从而产生多个所需频率信号,并且在生成过程中对信号质量进行控制,使得最终信号满足应用需求。

频率合成主要有直接频率合成、锁相环频率合成和直接数字频率合成三种基本方式,在此基础上,还有基于基本方式的组合频率合成方法,比如 DDS+PLL,每种方式都有其各自特点,从而适用于不同的应用场合。

　　直接频率合成主要采用混频器、分频器和倍频器等模拟器件对频率进行数学运算,最后通过滤波器得到所需频率信号。例如,在实际中通常用 GPS 模块来提供基准时钟,该基准时钟通常为 10MHz,若想生成数字电视发射频率 547MHz,则可将 10MHz 先 10 分频得到 1MHz,将 1MHz 通过 3 倍频后得到 3MHz 信号,同时,将 10MHz 信号通过 55 倍频得到 550MHz 信号,最后将 550MHz 与 3MHz 信号进行混频后得到 547MHz 信号,如图 7.1 为其示意图。

图 7.1　直接频率合成示意图

　　在这个过程中,除了混频器、分频器以及倍频器外,电路中还需要有滤波器和放大器等电路,以滤除不需要的频率信号,而提供足够强度的所需频率信号。

　　直接频率合成方法在电路上电后就可很快输出频率信号,频率切换快,且通过运算可得到所需要的频率。但是在频率生成过程中采用了大量模拟电路,不可避免地会增加电路规模并引入噪声,同时,由于电路非线性等原因产生的寄生杂波无法完全滤除,严重影响了频率质量,并且往往无法控制。

　　针对直接频率合成方法单向输出频率,而没有对信号进行反馈调整的机制,其输出信号为发散状态,而基于锁相环的频率合成则为可控信号生成提供了可能。锁相环可提供更好的合成频率性能,其典型电路结构如图 7.2 所示。

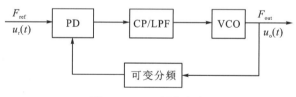

图 7.2　PLL 频率合成

　　由图 7.2 可见,锁相环由鉴相器(phase detector,PD)、低通滤波器(low pass filter,LPF)和压控振荡器(voltage controlled oscillator,VCO)以及一个反馈回路构成,输出频率通过反馈回路送到鉴相器与输入频率进行相位比较。当两个频率存在相位差时,则通过后续电路根据相差自动调节输出频率相位,从而使得二者相等,即完成输入的参考信号与输出的频率信号间的相位同步与频率自动跟踪。

　　锁相环从电路原理上来说,就是一个利用相位进行反馈的自动频率控制系统,即通过相位的负反馈控制,将输出信号相位自动锁定在输入信号相位上,实现该负反馈的电路为锁相环 PLL。

　　如图 7.2 所示,鉴相器是一个相位比较电路,将输入的参考信号 $u_r(t)$ 和输出频率信号 $u_o(t)$ 相位进行比较,其相位差则转换成误差电压信号输出。该误差电压信号具有高频成分和噪声,则由环路滤波器(loop filter,LF)来进行滤除高频成分和噪声,以提高电压控制信号的信噪比,从而提高控制精度,保证电路性能,增加系统稳定性。环路滤波器的输出电压直接用于控制压控振荡器的输出频率。VCO 输出频率受控制电压控制,使得其输出频率向输入频率变化。若输入高质量频率信号,在环路工作正常时,VCO 输出频率与输入频率差小于锁相环的捕获频差,则由于环路为负反馈回路,VCO 输出频率最终将与输入频率相位锁定,即频率相同、相位差恒定,该过程为相位捕获过程。当相位锁定后,VCO 输出频率的微小波动会被电路跟踪,且在环路负反馈作用下,输出频率不断进行调整使得其始终与输入频率同步,保持动态稳定。

基于 PLL 的频率合成可以实现高质量的较宽的频率输出范围,且输出信号频率纯度高、寄生信号抑制好、输出频率易于控制,并可通过反馈回路的可变分频电路实现从固定的低频输入信号生成稳定的输出高频信号。

但是,该方法得到的输出信号带宽受到限制、频率分辨率不高、频率变换时间较长,同时受捕获性能影响,其输入输出信号相位差不能太大。另外,输出信号波形无法灵活生成。因此,就出现了直接数字频率合成器(DDS),DDS 在参考系统时钟基础上,通过相位累加器长度对系统时钟设置分频值以产生所需要频率的相位,因此,DDS 也可看作一个分频电路。

相较于直接频率合成电路和锁相环等模拟频率合成电路,DDS 可以非常容易地更新频率控制字,从而改变输出频率,其频率切换速度高,同时,可以通过增加相位累加器位数来提高输出信号的频率分辨率。

DDS 一般由 3 部分组成,包括相位累加器、相位幅度转换器和数模转换器(D/A converter,DAC),如图 7.3 所示。

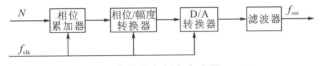

图 7.3 直接数字频率合成器(DDS)

相位累加器:由位宽为 N 的相位累加寄存器、N 位全加器和输出数字相位寄存器组成。相位累加器对输入系统频率 f_{clk} 进行数字相位增加步长($\Delta P = f_{clk}/2^N$)计数,该值也是 DDS 输出频率精度。在每一个时钟触发点,N 位全加器将存储在输出相位寄存器中的数据与相位累加寄存器中存储的步长 ΔP 相加,并重新存储进输出相位寄存器中。因此,每隔 $1/f_{clk}$ 时间,相位累加器的输出就增加 ΔP,产生一个线性增长的数字相位。如果 DDS 频率控制字为 M,输出频率与系统频率相互的关系为 $f_{out}/f_{clk} = M/2^N$,则可以得到输出频率为 $f_{out} = f_{clk} * M/2^N$。

相位幅度转换器:相位累加器可以得到合成频率信号的数字相位,相位幅度转换器将每个周期的相位转换成对应幅度值,该转换通常采用查找表方式,用 ROM 存储电路来实现。在 ROM 中,将每个递增的相位累加器输出相位作为 ROM 地址,对每个地址存储相应的幅度值,则通过对 ROM 中查找表的寻址,就可得到相应的幅度信息。因为 ROM 存储幅度值的位宽有限,所以其实际幅度值与实际信号对应相位的幅度值有一定误差。该误差称为量化误差,它会影响频率精度。

数模转换器 DAC:相位幅度转换器输出的二进制数字信号继续处理,通过 DAC 电路转换成模拟信号输出。DAC 位数对输出频率信号精度有影响,但其频率分辨率不受 DAC 位数影响。DAC 输出信号含有除输出频率外的其他高次频率分量,这是因为 DDS 输出频率信号为低于系统主频 f_{clk} 且分辨率为 2^N 的由 M 个点构成的正弦波,相当于对输出信号以系统频率 f_{clk} 进行采样,则 f_{clk} 的高次谐波与输出频率的运算产生高频分量,因此,需要低通滤波器(LPF)滤除 DAC 输出信号中的高频分量,得到纯净的输出信号。

由上可见,通过改变 DDS 的系统频率、相位累加器位宽和频率控制字,可以改变输出频率信号及其频率分辨率等参数,同时,其相位噪声接近系统时钟的相位噪声。但是仍然存在输出频率较低、宽带杂散严重等问题,这主要是因为相位累加器的输出相位截断、ROM 中存储的实数采样点值采用有限字长量化、数模转换 DAC 以及系统时钟本身等都会引入相位噪声,带来杂散抑制差问题。

因此,PLL 频率合成器具有输出频率范围宽、频谱质量好等优点,但其频率生成过程中需要进行反馈控制而使得其速度较慢。直接数字式频率合成器则具有高速频率转换能力、较高的频率分辨率,但是输出频率范围受限,杂散相对较大,将 DDS 和 PLL 联合使用来进行频率合成,则可分别利用其优点,产生所需频率信号,即利用 DDS 来产生具有很高的输出分辨率的信号作为 PLL 输入的参考频率信号,再用 PLL 来生成所需的具有很宽频率输出范围的信号,其典型结构如图 7.4 所示。

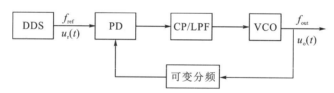

图 7.4   典型 DDS+PLL 频率合成

由图 7.4 可见,该结构与 PLL 频率生成电路的区别在于其输入参考信号为 DDS 的输出信号,具有高频率分辨率,但 DDS 输出信号的相位噪声经过 PLL 的模拟电路后也会进一步恶化。

为了改善输出频率信号的杂散性能,可以对 DDS 与 PLL 混合电路的拓扑结构进行改进,如图 7.5 所示,其特点在于将 DDS 输出信号与 PLL 输出信号进行混频,然后馈入反馈回路并进行分频以得到所需要的频率,通过改变反馈回路中的分频器和 DDS 输入都可以改变最终输出信号的频率范围。当合成频率范围相同时,采用该拓扑结构所需要的分频系数更小,其杂散等性能较图 7.4 所用方法更好。

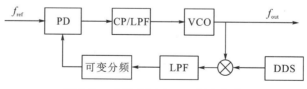

图 7.5   改进 DDS+PLL 频率合成

频率合成器可以给雷达和无线通信等提供混频所需的本振信号,也可提供雷达发射信号,还可以提供时钟采样信号等。不同功能的信号应用,对其要求也不同。因此,除讨论频率信号的生成方法外,还需要对其指标进行讨论。

总的来说,频率合成器性能指标主要有:输出频率范围、频率精度、频率分辨率、频率转换时间、频率稳定度、频谱纯度、输出功率等。另外,对于频率合成器电路本身来说,功耗和成本也是设计时要考虑的重要因素。

1. 输出频率范围

输出频率范围主要指频率合成器可提供的输出信号范围,由应用系统工作频率确定,输出频率信号的数量与频率通常是可调整的。频率合成器输出信号通常是一个正弦信号,但部分应用也需要输出一定波形的信号,比如部分雷达要求输出线性调频波形。输出频率越高,频率误差越大。影响频率的因素很多,如环境温度、内部噪声、元件老化、机械振动、电源纹波等。

2. 频率精度

频率精度可分为绝对精度(Hz)和相对精度(ppm)两种表示方式。绝对精度也可称为频率准确度,是实际输出频率与标称频率的偏离程度,即在一定环境条件下实际输出频率与指定频率之间的最大频偏。相对精度是最大频偏和标称频率的比值。

3. 频率分辨率

频率分辨率也可称为输出频率间隔,为相邻两个输出频率之间的最小间隔。对频率合成器输出频率分辨率的要求,也是由应用系统的要求所决定的。

4. 频率转换时间

频率转换时间是指频率合成器输出信号工作频率之间的切换时间,这主要指输出信号由原输出频率切换到新频率信号且稳定输出所需要的最长时间,这与频率合成器所采用的实现方式有直接关系,其指标也与应用系统要求有关。

5. 频率稳定度

频率稳定度是频率源的重要技术指标,直接影响整个系统的性能。频率稳定度是指在一定时间间隔内,频率源输出频率精度的变化。根据所指定的时间间隔的不同,频率稳定度可分为长期频率稳定度、短期频率稳定度和瞬时频率稳定度三种。

长期频率稳定度一般是指一天以上乃至几个月的相对频率变化的最大值,是评价高精度频率标准和计时设备稳定性的指标。长期频率稳定度主要取决于有源器件、无源元件和石英晶体等老化特性,而与频率的瞬时变化无关。

短期频率稳定度通常用于评估一天之内频率的相对变化最大值,主要是由外界因素引起的频率变化,常称为频率漂移。短期频率稳定度主要用于评估测量仪器或者电子系统中本地频率信号的稳定性。短期频率稳定度主要与环境温度变化、电压变化和内部电路参数不稳定性等因素有关。瞬时频率稳定度是指频率在秒或者毫秒内随机变化的程度,即频率的瞬间无规则变化的程度。瞬时频率稳定度在时域表现为时钟周期的抖动,即每个周期之间的变化;在频域表现为频率合成器所输出信号的相位噪声或者杂散,即信号频谱的纯度。瞬间频率稳定度主要是秒/毫秒间隔内的随机频率变化,主要因素是干扰和频率合成器内部噪声而引起的频率起伏,与外界条件和长期频率漂移无关。实际中瞬时稳定度在频域范围内表现为相位噪声,通常用功率谱密度表示。

频率稳定度的另外一个衡量指标是其稳定度随温度变化的情况,温度变化引起器件尺寸变化,从而导致输出频率偏移,这种频偏是不可避免的,只能采取恰当的方法降低。常用的方法有温度补偿(数字或模拟微调)、恒温措施等,其指标为 MHz/℃ 或 ppm/℃。

6. 频谱纯度

信号瞬时频率不稳定在频域上表现为频谱上出现非预期的频率成分。对于单频信号,频率合成器输出信号的频谱应该是仅仅在输出频率处有单一谱线,但由于噪声或者干扰会对信号幅度和相位产生非线性调制,从而使得信号频率成分变得复杂。通常的幅度调制会受到抑制,但瞬时相位扰动则表现为频谱扩展,即输出信号由单频信号变为带宽信号,表现为中心频率的两个边带形成相位噪声(或者时钟抖动)。

相位噪声是频率源的关键指标,是输出信号时域抖动在频域的等效表示。相位噪声、时域抖动和调频噪声是信号的不同表现形式。

相位噪声用 L(fm)=[PSSB (fm)/Hz]/PC 表示,可用频谱仪或相位噪声分析仪测量得到。PSSB (fm)/Hz 是 1Hz 带宽内的相位噪声功率谱密度;PC 是载波功率;fm 表示离开载频的边频,也是对载频的调制频率,故有时称作调频噪声。在数字系统中,通常用时域抖动而不是相位噪声来测量零交叉时间的偏离,给出峰峰值和有效值。时钟抖动的单位是皮秒或 UI(unit intervals),UI 是时钟的一部分,即 UI=抖动皮秒/时钟一周。因为相位噪声给出了每一个频率调制载频的相位偏移,我们可以累加 360° 内所有的相位偏移来得到 UI。这与计算一个频率或时间的功率是等效的。通信系统对某个频率的抖动更敏感,所以相位噪声与边频的关系就是抖动。从抖动的频域观点看,PLL 就是一个频率衰减器。PLL 反馈环的滤波器频带越窄,调制频率越高,但这种频率和频带依赖关系是有限的。

除了相位噪声性能外,在频谱上还可能有一些频率点上出现频率成分,这些频率成分称为杂散(spur),主要来源于外部干扰,杂散也是一个衡量输出频谱纯度的性能参数。

7. 输出功率

频率信号的输出功率通常用 dBm 表示,但是一般情况下,通过频率合成器输出的信号作为驱动是不满足功率电平要求的,所以需要增加功率放大模块。

除输出功率外,系统在整个输出频率范围内的功率会存在波动,各个频点的输出功率最大偏差为输出功率波动,通常在最后一级输出加稳幅调理电路来保证输出功率及其稳定度。

7.2　PLL 基本组成

　　锁相环 PLL 是一种广泛应用于射频、数字及数模混合电路的非常重要的电路,通过比较两个信号的相位差,控制输出信号频率和相位,并采用闭环反馈方式,当输出信号的频率和相位与输入信号有差异时,自动调整输出信号,使得输出信号能够自动跟踪输入信号的相位变化,并最终实现动态同步,即完成锁相。

　　由于锁相环以输入信号为参考进行输出信号恢复,因此,在通信和数字系统中可以作为高速数字传输时的时钟恢复电路,在雷达和无线通信系统中可以用作频率合成器来选择不同的信道。同时,锁相环还可用于信号解调等。

　　由于锁相环的特性,其在不同应用和发展过程中,可分为纯模拟电路构成的模拟锁相环、由数字电路构成的数字锁相环以及由模拟和数字电路构成的混合锁相环。其环路电路也根据应用不同变得更加复杂,滤波器由常用的二阶到三阶或更高,但其设计也更为复杂且功能更强。

　　锁相环是一个相位负反馈的闭环控制系统,通过反馈使得输出信号相位不断逼近输入信号相位,从而实现输入输出信号相位锁定和同步,并在锁定后继续跟踪,以保持锁定状态。

　　锁相环组成的原理框图如图 7.6 所示,通常包括鉴相器(PD)、环路滤波器(LF)和压控振荡器(VCO)三部分。鉴相器根据两个输入信号 $u_o(t)$ 和 $u_r(t)$ 的相位进行比较,产生对应于两信号相位差 $\varphi_e(t)$ 的误差电压 $u_d(t)$。LF 是一个低通滤波器,用来滤除误差电压 $u_d(t)$ 中的高频成分和调整环路参数,得到控制 VCO 输出频率和相位的电压 $u_c(t)$,以保证环路所要求的性能,提高系统的稳定性,根据所设计的锁相环锁定频率范围确定其线性度。VCO 根据 $u_c(t)$ 大小调整输出频率向参考信号的频率靠拢,以减小二者相位差,这一过程为跟踪过程。当两者频率相等而相差恒定则实现锁定,锁定后两信号之间的相位差表现为一固定的稳态值,说明锁相环进入锁定状态,此时输出和输入信号的频率和相位保持恒定不变的状态,$u_c(t)$ 为恒定值。当锁相环的相位还未锁定,输入信号和输出信号的频率不等,$u_c(t)$ 随时间而变化,其锁定时间与信号相差有关,也与环路滤波器设计有关。

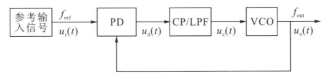

图 7.6　锁相环组成的原理框图

　　由此可见,经过锁相环的相位"跟踪"过程而进入"锁定"状态后,最终可以实现输出信号与参考信号同步,两者之间不存在频差而只存在很小的稳态相位差。VCO 受控制电压 $u_c(t)$ 的控制,$u_c(t)$ 使压控振荡器的频率向参考信号的频率靠近,也就是使两者频率之差越来越小,频率相同且相位差保持不变而锁定。

　　若锁相环输入参考信号为正弦信号

$$u_r(t) = U_r \sin(\omega_r t + \theta_r)$$

VCO 的输出信号为

$$u_o(t) = U_o \sin(\omega_o t + \theta_o)$$

其中,U_r 和 U_o 分别为信号最大幅值,ω_r、ω_o 分别为信号角频率,θ_r、θ_o 分别为信号初始相位,参考输入信号与通过负反馈回路到达的 VCO 输出信号相同:

$$\varphi_e(t) = (\omega_o t + \theta_o) - (\omega_r t + \theta_r) \tag{7.1}$$
$$= (\omega_o - \omega_r)t + (\theta_o - \theta_r)$$

则由频率和相位之间的关系可得到两信号之间的瞬时频差为

$$\frac{d\varphi_e(t)}{dt} = \omega_o - \omega_r \tag{7.2}$$

7.2.1 鉴相器

接收机基本参数中除了频率、功率、电源效率等与发射机相同以外,还有灵敏度及选择性这两个十分重要的参数。鉴相器是一个相位比较器,主要完成从输入参考信号与反馈的 VCO 输出信号之间的相位差到电压的转换,其相位差到电压信号为鉴相函数,体现了鉴相器的特性。理想情况下,鉴相器特性为相位差和输出电压的线性函数,其鉴相特性如图 7.7 所示,而斜率反映了灵敏度,即 $u_d(t) = K_{pd}\varphi_e(t)$,其中 K_{pd} 为鉴相器的增益,单位为 V/rad。

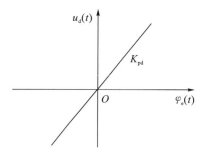

图 7.7 理想鉴相器的相位差和输出电压关系

在实际电路中,鉴相器的这个线性关系通常在一定条件下或一定相位差范围内才能满足。鉴相器根据实现电路的类型不同可分为模拟鉴相器和数字鉴相器。按鉴相特性分,鉴相器输入信号相位差与输出信号电压之间的实际关系可表现为正弦形、三角形和锯齿形等。正弦鉴相器是应用较多的一种鉴相器,其电路可用模拟乘法器与低通滤波器的串接来实现。

模拟乘法器为常用的模拟鉴相器,具有正弦鉴相特性,如图 7.8 所示,参考输入信号与 VCO 输出信号经反馈回路进入乘法器,经过非线性变换,可得到二者频率差和频率和,经低通滤波器滤除高次频率信号,则可得到低频分量,该低频分量与电压有关,进一步输出以控制 VCO 输出频率。

若乘法器相乘系数为 K,环路固有频差为 $\Delta\omega_0 = \omega_r - \omega_o$,$\theta_e = \theta_r - \theta_o$ 为两相乘电压信号的瞬时相位误差,则乘法器输出为

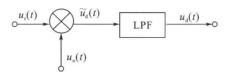

图 7.8 正弦鉴相器模型

$$\widetilde{u}_{\mathrm{d}}(t) = K u_{\mathrm{r}}(t) u_{\mathrm{o}}(t)$$
$$= K U_{\mathrm{r}} \sin(\omega_{\mathrm{r}} t + \theta_{\mathrm{r}}) \times U_{\mathrm{o}} \sin(\omega_{\mathrm{o}} t + \theta_{\mathrm{o}}) \tag{7.3}$$
$$= \frac{1}{2} K U_{\mathrm{r}} U_{\mathrm{o}} \cos[(\omega_{\mathrm{r}} - \omega_{\mathrm{o}})t + (\theta_{\mathrm{r}} + \theta_{\mathrm{o}})] + \cos[(\omega_{\mathrm{r}} + \omega_{\mathrm{o}})t + (\theta_{\mathrm{r}} + \theta_{\mathrm{o}})]$$

该信号通过低通滤波器滤除 $\omega_{\mathrm{r}} + \omega_{\mathrm{o}}$ 成分后,得到误差电压,那么鉴相器的输出为

$$u_{\mathrm{d}}(t) = \frac{1}{2} K U_{\mathrm{r}} U_{\mathrm{o}} \cos[(\omega_{\mathrm{r}} - \omega_{\mathrm{o}})t + (\theta_{\mathrm{r}} + \theta_{\mathrm{o}})] \tag{7.4}$$

若锁相环锁定,则 $\omega_{\mathrm{r}} = \omega_{\mathrm{o}}$,鉴相器输出信号为 $\overline{u}_{\mathrm{d}}(t) = \frac{1}{2} K U_{\mathrm{r}} U_{\mathrm{o}} \cos(\theta_{\mathrm{r}} - \theta_{\mathrm{o}})$,令 $U_{\mathrm{d}} = \frac{1}{2} K U_{\mathrm{r}} U_{\mathrm{o}}$ 为鉴相器输出电压振幅,可得正弦鉴相器的鉴相特性,如图 7.9 所示,可见其为周期性函数。

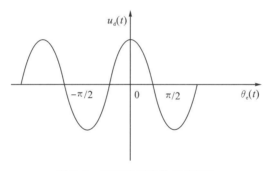

图 7.9 正弦鉴相器的鉴相特性

对 $\overline{u}_{\mathrm{d}}(t) = \frac{1}{2} K U_{\mathrm{r}} U_{\mathrm{o}} \cos(\theta_{\mathrm{r}} - \theta_{\mathrm{o}})$ 的相位差求导,可得鉴相器的鉴相增益为 $A_{\mathrm{d}} = \frac{1}{2} K U_{\mathrm{r}} U_{\mathrm{o}} \sin(\theta_{\mathrm{r}} - \theta_{\mathrm{o}})$,可见该增益与相位差有关,当相差为 0 时,增益为 0,当相差为 90° 时,增益最大,为了提高鉴相器性能,设计其锁定相差为 90°,这时为稳定工作状态。

7.2.2 环路滤波器

在频率合成器设计中,环路滤波器设计是核心,其输入信号来自鉴相器的输出电压,主要作用是滤除鉴相器输出信号中的高次谐波成分和噪声,仅保留直流成分,该直流电压成分用于控制压控振荡器的输出频率。输入信号噪声会引起相位误差的快速变化,而高次谐波则会干扰其 VCO 控制性能,影响其输出频率与相位的精度与稳定度。因此,环路滤波器是锁相式频率合成器最重要的部分,其滤波性能直接决定了频率合成器输出频率信号的杂散、相位噪声。同时,滤波曲线的过渡带等参数也直接影响环路锁定时间、稳定性以及相位调整范围等性能参数。

环路滤波器是一个线性低通滤波器,根据电路结构可分为无源滤波器和有源滤波器两类,有 RC 积分滤波器、无源比例积分滤波器和有源比例积分滤波器等,由电容、电阻和运算放大器等组成。根据传递函数,常用的环路滤波器为一阶和二阶等低阶滤波器,三阶和四阶等更高阶的环路滤波器则可由低阶滤波器级联而成。

环路滤波器的主要指标与常用低通滤波器指标相似,主要有环路滤波带宽、插入损耗、纹波、截止频率、阻尼系数(品质因子)、直流增益和高频增益等。

电路中采用有源滤波器通常会引入噪声且增加电路复杂度,从而导致调试困难。因此,在满足 VCO 控制条件下,通常采用二阶无源滤波器。当采用带宽较窄的环路滤波器时,可滤除更多的杂散成分,但是相应也会增加跟踪时间,也就是使得锁定时间增加,故需要根据实际应用在带宽与锁定时间之间进行调整。

常用无源环路滤波器是一个线性系统,通常有 RC 积分滤波器、无源比例积分滤波器等。RC 积分滤波器是一个由电阻和电容构成的一阶低通滤波器,其电路结构如图 7.10 所示。

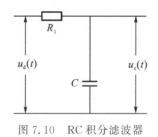

图 7.10 RC 积分滤波器

RC 积分滤波器传输函数为:

$$F(s) = \frac{u_c(s)}{u_d(s)} = \frac{1}{1+sR_1C} \tag{7.5}$$

无源比例积分滤波器与 RC 积分滤波器相比,增加了一个与电容器串联的电阻 R_2,电路结构如图 7.11 所示。

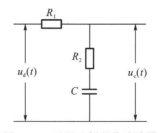

图 7.11 无源比例积分滤波器

无源比例积分滤波器传输函数为:

$$F(s) = \frac{u_c(s)}{u_d(s)} = \frac{1+s\tau_2}{1+s(\tau_1+\tau_2)} = \frac{1+sR_2C}{1+s(R_1C+R_2C)} \tag{7.6}$$

二阶无源滤波器如图 7.12 所示。

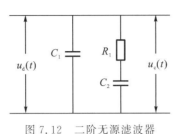

图 7.12　二阶无源滤波器

与一阶滤波器相比,二阶无源滤波器增加了一级滤波,其传输函数为

$$F(s) = \frac{u_c(s)}{u_d(s)} = \frac{1+sR_2C_2}{s[1+sR_2C_1C_2/(C_1+C_2)](C_1+C_2)} \tag{7.7}$$

7.2.3　压控振荡器

压控振荡器(VCO)是一个电压-频率变换装置,在环路中作为被控振荡器,其输出的振荡频率 $\omega_0(t)$ 随输入控制电压 $u_c(t)$ 在一定范围内线性变化,即

$$\omega_0(t) = \omega_0 + K_c u_c(t) \tag{7.8}$$

其中 $\omega_0(t)$ 是 VCO 的输出瞬时角频率;K_c 为控制灵敏度或称增益系数,单位是 rad/s·v。

ω_0 与控制电压 u_c 之间的关系曲线如图 7.13 所示。ω_0 为 VCO 的中心角频率或自由振荡频率,是只加偏置电压而未加控制电压时 VCO 的振荡频率,ω_0 以 ω_0 为中心而变化。图 7.13 中的实线为一条实际压控振荡器的控制特性,虚线为符合上式的线性控制特性。由图 7.13 可见,在以 ω_0 为中心的一个区域内,两者是吻合的,故在环路分析中可以用上式作为压控振荡器的控制特性。

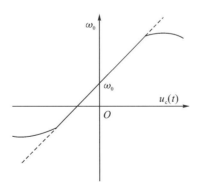

图 7.13　压控振荡器的控制特性

由图 7.13 可见,压控振荡器的控制特性只有在一定控制电压范围内为线性,超出这个范围之后将不再保持线性关系。一般来说,我们都要求 VCO 工作在线性区域内。

在锁相环路中,压控振荡器输出频率信号到鉴相器,但对鉴相器起作用的不是瞬时角频

率而是瞬时相位,其瞬时相位为瞬时角频率的时间积分,可表示为

$$\varphi_{\text{o}}(t) = \int_0^t \omega_0(\tau)\mathrm{d}\tau = \omega_0 t + K_{\text{c}}\int_0^t u_{\text{c}}(\tau)\mathrm{d}\tau \tag{7.9}$$

由该瞬时相位表达式可知,在 VCO 中对输入控制电压信号 $u_{\text{c}}(t)$ 进行了积分运算再进行输出。为了获得更好的 VCO 输出信号质量,在进行 VCO 设计时,需要确定的是其中心角频率和控制灵敏度,同时还要求具有相噪低、频率稳定度高、宽线性范围等特性。

7.3 PLL 相位模型及环路方程

PLL 各组成部件的数学模型如图 7.14 所示,并假设压控振荡器工作于线性区,则可以得到整个环路的时域模型。因为环路的输入量和输出量都是相位,所以把环路的时域模型称为相位模型。

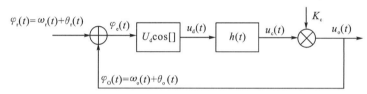

图 7.14　PLL 各组成部件的数学模型

由图 7.14 可见,鉴相器输出为 $u_{\text{d}}(t)=U_{\text{d}}\cos[\varphi_{\text{r}}(t)-\varphi_{\text{o}}(t)]=f[\varphi_{\text{e}}(t)]$,其中 $\varphi_{\text{r}}(t)$ 是输入参考信号瞬时相位,$\varphi_{\text{o}}(t)$ 是 VCO 输出信号瞬时相位,表达式为相位差与电压间的函数关系。

若输入输出信号频率相同,则 $\omega_{\text{r}}=\omega_{\text{o}}$,可得相应相位为

$$\varphi_{\text{e}}(t) = \theta_{\text{e}}(t) = \theta_{\text{o}}(t) - \theta_{\text{r}}(t) \tag{7.10}$$

若环路滤波器的单位冲击响应函数为 $h(t)$,则其输出电压可表示为

$$u_{\text{c}}(t) = (h)t * u_{\text{d}}(t) = \int_0^t h(1-\tau)u_{\text{d}}(t)\mathrm{d}\tau = \int_0^t h(t-\tau)f[\varphi_{\text{e}}(\tau)]\mathrm{d}\tau \tag{7.11}$$

若压控振荡器工作于线性区,则其输出信号频率为

$$\omega_{\text{o}}(t) = \omega_{\text{o}} + K_{\text{c}}u_{\text{c}}(t) = \omega_{\text{o}} + K_{\text{c}}\int_0^t h(t-\tau)f[\varphi_{\text{e}}(\tau)]\mathrm{d}\tau \tag{7.12}$$

根据 $\varphi_{\text{o}}(t) = \omega_{\text{o}}t + \theta_{\text{o}}(t)$,可得

$$\omega_{\text{o}}(t) = \mathrm{d}\varphi_{\text{o}}(t)/\mathrm{d}t = \omega_{\text{o}} + \mathrm{d}\theta_{\text{o}}(t)/\mathrm{d}t$$

从而可得

$$\frac{\mathrm{d}\theta_{\text{o}}(t)}{\mathrm{d}t} = K_{\text{c}}\int_0^t h(t-\tau)f[\varphi_{\text{e}}(\tau)]\mathrm{d}\tau \tag{7.13}$$

对式(7.10)求导可得

$$\mathrm{d}\varphi_{\text{e}}(t)/\mathrm{d}t = \mathrm{d}\theta_{\text{e}}(t)/\mathrm{d}t = \mathrm{d}\theta_{\text{o}}(t)/\mathrm{d}t - \mathrm{d}\theta_{\text{r}}(t)/\mathrm{d}t$$

将式(7.13)代入上式,可得锁相环的环路方程为

$$\frac{\mathrm{d}\theta_{\text{e}}(t)}{\mathrm{d}t} + K_{\text{c}}\int_0^t h(t-\tau)f[\varphi_{\text{e}}(\tau)]\mathrm{d}\tau = (\omega_{\text{r}} - \omega_{\text{o}}) + \frac{\mathrm{d}\theta_{\text{r}}(t)}{\mathrm{d}t} \tag{7.14}$$

该方程是非线性微分方程，主要是因为鉴相器具有非线性特性。虽然压控振荡器、环路中的放大器也可能存在非线性，但是只要设计恰当，均可视为线性元件。

式(7.14)中左边第一项表示瞬时相位误差对时间的微分，输入信号与 PLL 输出信号的实时变化，即瞬时频差；第二项表示 VCO 在控制电压作用下的角频率变化，即所产生角频率相对于输入角频率的频差，称为控制频差。右边第一项是输入信号和 PLL 输出信号的中心角频率差，不随时间变化，与环路初始状态有关，为初始频差或固有频差；第二项表示输入信号相位抖动特性，即相位随时间变化部分对时间的微分，若输入参考信号为高稳定度信号，则该项为 0。由式 (7.14) 可见，在闭环之后的任何时刻都存在如下关系：瞬时频差＝固有频差－控制频差。

将式(7.14)进行积分可得

$$\theta_e(t) + K_e \int_0^t \int_0^t h(t-\tau) f[\varphi_e(\tau)] \mathrm{d}\tau \mathrm{d}t = (\omega_r - \omega_0)t + \theta_r(t) \tag{7.15}$$

该式为 PLL 输出相位和输入相位的相位模型。

7.4　PLL 环路性能

PLL 主要工作于跟踪和捕捉两个状态：当处于跟踪状态时，输入输出信号相位锁定，相差恒定，此时 PLL 处于线性工作区；而在捕捉状态时，工作于非线性区域。实际中的锁相环是二阶环路，在跟踪状态下为一个二阶线性系统，可通过分析该二阶线性系统来设计环路参数以获得所需系统性能。

7.4.1　线性化相位模型和传递函数

当锁相环工作于线性工作区时，即进入锁定状态，输入信号频率与输出信号频率相等，相位误差应较小，只在零点附近变化，则鉴相特性曲线可以看作一条通过零点的直线，其关系为近似线性，因此，鉴相器输入输出关系为

$$u_d(t) = K_d \theta_e(t) = f[\theta_e(t)] \tag{7.16}$$

其中 K_d 为鉴相增益，单位为 V/rad。线性化鉴相器的数学模型如图 7.15 所示，但是，正弦鉴相器只能在相差一定范围内与输出电压呈线性关系，当锁相环的相位误差大于 $\pi/6$ 时，正弦鉴相器将超出其线性化区域，成为非线性系统。

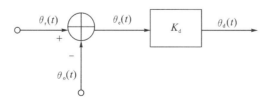

图 7.15　线性化鉴相器的数学模型

正弦鉴相器进入非线性区域的主要原因有：对于已处于锁定状态的锁相环，若输入信号

频率或压控振荡器输出频率有较大突变或变化速度过快,使环路相位误差增大到鉴相器的非线性区,这种非线性环路的性能为非线性跟踪性能;从接通到锁定的捕获过程中,相位误差的变化范围是很大的,环路处于非线性状态;失锁状态时环路的频率牵引现象,这主要是由强信号带来的。

将式(7.16)代入 $\dfrac{\mathrm{d}\theta_o(t)}{\mathrm{d}t}=K_c\displaystyle\int_0^t h(t-\tau)f[\varphi_e(\tau)]\mathrm{d}\tau$ 得

$$\frac{\mathrm{d}\theta_o(t)}{\mathrm{d}t}=K_d K_c\int_0^t h(t-\tau)\theta_e(\tau)\mathrm{d}\tau \tag{7.17}$$

将式(7.17)进行拉普拉斯变换可得

$$s\theta_o(s)=K_d K_c H(s)\theta_e(s) \tag{7.18}$$

将 $\theta_e=\theta_r-\theta_o$ 代入上式得

$$s\theta_e(s)+K_d K_c H(s)\theta_e(s)=s\theta_r(s) \tag{7.19}$$

式(7.19)是环路线性化动态方程的复频域表达形式,$H(s)$ 则为环路滤波器的传递函数。复频域的相位模型如图7.16所示。

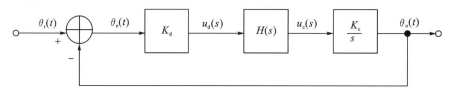

图7.16　复频域的相位模型

图7.16中,环路的开环传递函数为反馈信号相位的拉普拉斯变换 $\theta_o(s)$ 与输入输出信号相位差的拉普拉斯变换 $\theta_e(s)$ 的比值,从而可求得

$$H_o(s)=\frac{\theta_o(s)}{\theta_e(s)}=K_d K_c\frac{H(s)}{s} \tag{7.20}$$

其闭环传递函数为输出信号相位的拉普拉斯变换 $\theta_o(s)$ 与输入信号相位的拉普拉斯变换 $\theta_r(s)$ 的比值:

$$H_c(s)=\frac{\theta_o(s)}{\theta_r(s)}=\frac{K_d K_c H(s)}{s+K_d K_c H(s)} \tag{7.21}$$

误差传递函数为误差相位的拉普拉斯变换 $\theta_e(s)$ 与输入信号相位的拉普拉斯变换 $\theta_r(s)$ 的比值:

$$H_e(s)=\frac{\theta_e(s)}{\theta_r(s)}=\frac{s}{s+K_d K_c H(s)} \tag{7.22}$$

若不采用环路滤波器,则为一阶环路,$H(s)=1$,则可得各个传输函数为

$$H_o(s)=K_d K_c\frac{1}{s}$$

$$H_c(s)=\frac{K_d K_c}{s+K_d K_c}$$

$$H_e(s)=\frac{s}{s+K_d K_c}$$

若低通滤波器采用如图 7.10 所示的无源 RC 积分滤波器,其传递函数为

$$H(s)=\frac{1}{1+s\tau}=\frac{1}{1+sRC}=\frac{1}{1+\dfrac{s}{\omega_{\mathrm{LPF}}}} \tag{7.23}$$

其中 τ 为滤波器时间常数, ω_{LPF} 为滤波器 $-3\mathrm{dB}$ 带宽,则锁相环变为二阶锁相环,其闭环传递函数为

$$H_{\mathrm{c}}(s)=\frac{\theta_{\mathrm{o}}(s)}{\theta_{\mathrm{r}}(s)}=\frac{K_{\mathrm{d}}K_{\mathrm{c}}\dfrac{1}{1+\dfrac{s}{\omega_{\mathrm{LPF}}}}}{s+K_{\mathrm{d}}K_{\mathrm{c}}\dfrac{1}{1+\dfrac{s}{\omega_{\mathrm{LPF}}}}} \tag{7.24}$$

$$=\frac{K_{\mathrm{d}}K_{\mathrm{c}}}{s\left(1+\dfrac{s}{\omega_{\mathrm{LPF}}}\right)+K_{\mathrm{d}}K_{\mathrm{c}}}=\frac{K_{\mathrm{d}}K_{\mathrm{c}}}{\dfrac{s^2}{\omega_{\mathrm{LPF}}}+s+K_{\mathrm{d}}K_{\mathrm{c}}}$$

相应的开环传递函数和相位误差传递函数为

$$H_{\mathrm{o}}(s)=\frac{\theta_{\mathrm{o}}(s)}{\theta_{\mathrm{e}}(s)}=K_{\mathrm{d}}K_{\mathrm{c}}\frac{\tau}{s^2+s/\tau}$$

$$H_{\mathrm{e}}(s)=\frac{\theta_{\mathrm{e}}(s)}{\theta_{\mathrm{r}}(s)}=\frac{s^2+s/\tau}{s^2+s/\tau+K_{\mathrm{d}}K_{\mathrm{c}}/\tau}$$

如果 $s\to0$, $H_{\mathrm{c}}(s)\to1$, $H_{\mathrm{e}}(s)\to1$,表明输出相位将跟踪输入相位变化,最终实现锁定。也就是说,如果输入相位变化非常缓慢,那么输出相位将随输入相位而变化。

若低通滤波器采用图 7.11 所示的无源比例积分滤波器,其传递函数为

$$H(s)=\frac{1+s\tau_2}{1+s\tau_1+s\tau_2} \tag{7.25}$$

其中 τ_1、τ_2 分别为滤波器时间常数 R_1C 和 R_2C,就变为二阶锁相环,则各个传递函数得

$$H_{\mathrm{o}}(s)=K_{\mathrm{d}}K_{\mathrm{c}}\frac{1+s\tau_2}{s^2(\tau_1+\tau_2)+s}$$

$$H_{\mathrm{c}}(s)=K_{\mathrm{d}}K_{\mathrm{c}}\frac{1+s\tau_2}{s^2(\tau_1+\tau_2)+s(1+K_{\mathrm{d}}K_{\mathrm{c}}\tau_2)+K_{\mathrm{d}}K_{\mathrm{c}}}$$

$$H_{\mathrm{e}}(s)=\frac{s^2(\tau_1+\tau_2)+s}{s^2(\tau_1+\tau_2)+s(1+K_{\mathrm{d}}K_{\mathrm{c}}\tau_2)+K_{\mathrm{d}}K_{\mathrm{c}}} \tag{7.26}$$

若低通滤波器采用理想积分滤波器,其传递函数为

$$H(s)=\frac{1+s\tau_2}{s\tau_1} \tag{7.27}$$

其中 τ_1、τ_2 分别为滤波器时间常数 R_1C 和 R_2C,则各个传递函数得

$$H_{\mathrm{o}}(s)=K_{\mathrm{d}}K_{\mathrm{c}}\frac{1+s\tau_2}{s^2\tau_1}$$

$$H_c(s) = K_d K_c \frac{1+s\tau_2}{s^2\tau_1 + sK_d K_c\tau_2 + K_d K_c}$$

$$H_e(s) = \frac{s^2\tau_1}{s^2\tau_1 + sK_d K_c\tau_2 + K_d K_c} \tag{7.28}$$

7.4.2 锁相环的动态特性

若已知锁相环闭环传输函数,可以分析其系统动态特性,对于一阶环路,其相频特性是滞后的,幅频具有低通特性,其相位传输函数和误差传输函数分别为

$$H(s) = \frac{K_d K_c}{s + K_d K_c} \tag{7.29}$$

$$H_e(s) = 1 - H(s) = \frac{s}{s + K_d K_c} \tag{7.30}$$

由式(7.29)可见,$H(s)$ 为一个一阶低通滤波器,其3dB截止频率为 $K_d K_{\text{VCO}}$,锁相环路的环路带宽等于该截止频率,故输入信号中的频率成分只有在截止频率以下的频率成分才会输出。相应地,$H_e(s)$ 为一个一阶高通滤波器,其3dB截止频率也是 $K_d K_{\text{VCO}}$,故相位误差信号中含有输入参考信号的高频成分,而VCO产生的相位噪声,其低频成分在环路内被抑制。环路带宽越窄,VCO相位噪声中低频成分滤除越少,所以,锁相环的环路带宽不能太窄,即3dB截止频率不能太低,以有效滤除VCO相位噪声。由于一阶滤波器相位误差与环路带宽指标互相矛盾,因此,实际中较少使用。

对于二阶锁相环,其环路滤波器是一阶低通滤波器。二阶锁相环路经线性化之后,成为一个二阶线性系统,具有二阶线性系统的一般性能特点。其传递函数具有两个极点:一个极点由低通滤波器提供,另一个极点由压控振荡器提供。

将二阶锁相环传输函数的分母表示为 $s^2 + 2\xi\omega_n + \omega_n^2$ 形式,其中,ξ 是阻尼系数,ω_n 是固有频率,则采用无源RC积分滤波器的闭环传输函数可转化为

$$H_c(s) = \frac{\omega_n^2}{s^2 + 2\xi\omega_n s + \omega_n^2} \tag{7.31}$$

相位差传输函数为

$$H_e(s) = \frac{s^2 + 2\xi\omega_n s}{s^2 + 2\xi\omega_n s + \omega_n^2} \tag{7.32}$$

其中

$$\omega_n = \sqrt{\omega_{\text{LPF}} K_d K_c} \tag{7.33}$$

$$\xi = \frac{1}{2}\sqrt{\frac{\omega_{\text{LPF}}}{K_d K_c}} \tag{7.34}$$

由式(7.33)和式(7.34)得出

$$\xi\omega_n = \frac{1}{2}\omega_{\text{LPF}} \tag{7.35}$$

同理,采用无源比例积分滤波器的闭环传输函数为

$$H_c(s) = \frac{s\omega_n(2\xi - \omega_n/K_dK_c) + \omega_n^2}{s^2 + 2\xi\omega_n s + \omega_n^2} \tag{7.36}$$

其中

$$\omega_n = \sqrt{\omega_{LPF}K_dK_c} \tag{7.37}$$

$$\xi = \frac{1}{2}\sqrt{\frac{\omega_{LPF}}{K_dK_c}} \tag{7.38}$$

则采用理想积分滤波器的闭环传输函数和相位差传递函数为

$$H_c(s) = \frac{2\xi\omega_n s + \omega_n^2}{s^2 + 2\xi\omega_n s + \omega_n^2} \tag{7.39}$$

$$H_c(s) = \frac{s^2}{s^2 + 2\xi\omega_n s + \omega_n^2} \tag{7.40}$$

其中

$$\omega_n = \sqrt{\omega_{LPF}K_dK_c} \tag{7.41}$$

$$\xi = \frac{1}{2}\sqrt{\frac{\omega_{LPF}}{K_dK_c}} \tag{7.42}$$

对于 RC 积分滤波器的 PLL,输入输出相位差为

$$\theta_c(s) = H_c(s)\theta_r(s) = \frac{s^2 + 2\xi\omega_n}{s^2 + 2\xi\omega_n + \omega_n^2}\frac{\Delta\omega}{s^2} \tag{7.43}$$

锁相环工作稳定后的相位差为

$$\theta_e(t = \infty) = \lim_{s \to 0} s\theta_c(s) = \frac{2\xi}{\omega_n}\Delta\omega = \frac{\Delta\omega}{K_dK_{VCO}} \tag{7.44}$$

因此,环路的直流增益越大,稳态相位误差越小。

锁相闭环传输函数的两个极点为 $s_{1,2} = [-\xi \pm \sqrt{(\xi^2 - 1)}]\omega_n$,因此,阻力系数直接影响环路动态特性。若 $\xi > 1$,则系统极点为实数,为过阻尼系统,瞬态响应包含两个指数衰减项,将逐渐收敛稳定。若 $\xi < 1$,则系统极点为复共轭,为欠阻尼系统,瞬态响应包含一个衰减的振荡波形,阻尼系数越小,振荡越强,系统逐渐收敛到稳定的时间也越长。当 $\xi = 1$ 时,系统瞬态响应为一个振荡波形,不收敛。

一阶锁相环稳定下来的时间较短,振荡较小。但是在实际应用中很少用到,因为它没有环路滤波器,环路高频成分不能被滤除,还有一点是它的稳态相位误差和环路带宽总是耦合在一起。

实际工作时,锁相环路通常会受到各种各样的干扰,使环路呈现不稳定的状态,脱离原来的平衡状态。环路稳定性能受到阻尼系数的影响,其值 ξ 是判断锁相环稳定性的一种依据,也可以采用线性稳定系统理论及其波特准则。

对于一个线性稳定系统,其稳定的充分必要条件是系统特征方程的根都具有负实部,从而能够逐渐衰减收敛。对于锁相环路的闭环传输函数 $H(s)$ 来说,系统稳定的条件是其极点位于左半平面。

因为开环传输函数 $G(s)$ 与闭环传输函数 $H(s)$ 之间的关系:$G(s) = H(s)/[1 - H(s)]$,可

以看出,利用环路的开环传输特性可以直接判断闭环稳定性,这就是波特准则。对于一个反馈环路,如果系统在开环时是稳定的,那么闭环后仍然稳定的条件为:当开环传输函数的幅度下降为1时,开环传输函数的相移小于180°。

有些系统虽然满足稳定的条件,但当其余量小时,环路的瞬态响应是振荡的,稳定性差。但如果余量过大,环路的瞬态响应收敛会很慢,影响环路的瞬态性能。为了衡量系统的稳定性能,采用了相位裕度这一指标,其定义为开环传输函数在单位增益频率处的相移与180°之和。相位裕度太小,瞬态过冲就大,产生振荡衰减波形,振荡波形衰减很慢;而相位裕度太大,闭环系统的瞬态响应速度就会很慢,影响系统的动态性能。一般说来,相位裕度位于30°~60°,闭环系统的瞬态过冲小,同时瞬态响应的上升时间也小,可以达到一个较好的动态性能。

对于二阶理想积分滤波器环路,其闭环幅频特性除了与 ω_n 有关外,还与环路阻尼系数 ξ 及其二者乘积有关。图 7.17 显示了 ω_n 为常数时不同的 ξ 值的几种情况,从图中可知,ξ 越小,低通滤波器峰值越高,对 $\xi < 0.5$,阶跃响应表现出剧烈的减幅振荡。考虑到锁相环参数随工艺和温度的变化,ξ 通常选择大于 $1/\sqrt{2}$,ξ 越小,幅频特性下降越快,则可以避免过多的振荡。

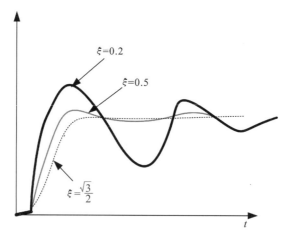

图 7.17　不同 ξ 值的二阶系统欠阻尼响应

ξ 值的选择也需要与其他一些参数折中考虑。首先,当通过减小 ω_{LPF} 使控制电压的波纹最小时,稳定性也随之下降了;其次,由式(7.41)和式(7.42)知,相位误差和阻尼系数都与 $K_d K_c$ 成反比,因此要降低相位误差就不可避免地会使系统变得不稳定。总之,锁相环要在稳定速度、控制电压的波纹、相位误差与稳定性之间进行折中考虑。

7.5　直接数字频率合成器 DDS

直接数字频率合成器 DDS 从正弦函数的相位出发,采用数字相位方法生成一个周期的信号,然后再输出,特别是在频率精度要求很高、频率切换时间要求很短的通信系统中。单频正弦信号可表示为

$$u(t) = U_0 \sin(\omega_0 t + \varphi_0) = \mathrm{Re}[U_0 e^{j\omega_0 t + \varphi_0}]$$

该信号可表示为单位圆,不同相位代表不同幅值。当相位在 0°至 360°范围以等时间间隔、固定增量连续变化时,可得到不同幅度的电压值。该相位增量越小,时间间隔越短,则可得到幅度变化越连续的近似正弦电压信号。若相位间变化的时间间隔不变,改变相位增量(即步长),就可以改变相位变化曲线的斜率,从而达到改变输出信号频率的目的。如果相位增量变为 180°,那么输出信号为方波。

根据奈奎斯特抽样定理,在一个周期内最少两个采样值就能恢复出一个正弦信号,因为正弦信号是周期信号,根据相位和幅度值之间的对应关系,可以以相位值为地址,将相应的幅度值保存在存储器中,通过控制相位步进可以控制正弦信号的频率,再经数/模转换和滤波平滑后即可产生标准的正弦波。

直接数字频率合成器 DDS 一般由相位累加器、相位/幅度变换器(ROM)、数模变换器(D/A 转换器)和低通滤波器(LPF)组成,如图 7.18 所示。相位累加器包括频率字寄存器、N 位加法器和 N 位相位寄存器,频率字寄存器存储数字相位增加步长,该步长为每个时钟周期输出信号的相位增加值,该值为外部输入,根据频率编程需要设置。在每一个时钟周期,全加器将存储在输出相位寄存器中的相位与频率增加步长相加,并重新存储进输出相位寄存器中,该相位线性增加。

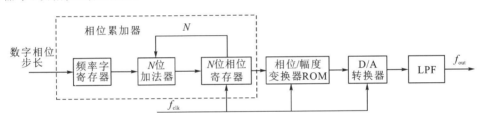

图 7.18　直接数字频率合成器 DDS 模型

DDS 的核心是相位累加器,由于相位寄存器位数为 N,会产生溢出。若 DDS 输出信号频率为 f_{out},每来一个系统参考时钟 f_{clk},相位寄存器以步长 $\dfrac{2^N f_{\text{out}}}{f_{\text{clk}}}$ 增加,相位寄存器的输出与相位控制字相加,然后输入正弦查询表地址。因为相位增加步长为整数,则 DDS 输出信号频率精度为 $\Delta f = \dfrac{f_{\text{clk}}}{2^N}$,因此,可以通过增加全加器位数来增加频率精度。

幅度相位转换的实现方法主要有查表法、角度分解法、角度旋转法等,正弦 ROM 查询表法是最传统也是最简单的方法,包含一个周期正弦波的数字幅度信息,每个地址对应正弦波中 0~360°范围的一个相位点。查询表把输入的地址相位信息映射成正弦波幅度的数字量信号,该数字量输出到 DAC 转换芯片使其输出模拟量。该方法的精度与查找表深度以及量化位宽直接相关,若要提高精度,则需要较大的 ROM 查找表,这会增加电路面积与功耗。

为了获取足够的精度,需要增加相位累加器位宽,但是考虑到 DAC 转换性能等因素,需要对相位累加器输出位宽进行截取,该截取位宽 P 与 DDS 无杂散动态范围 SFDR 有关,SFDR 公式为

$$\mathrm{SFDR}(\mathrm{dB}) \approx -6.02P + 3.922$$

因此,可以根据 DDS 的 SFDR 要求来计算截取位宽。

信号经 DAC 输出后,还经过低通滤波器滤除输出频率的高频谐波成分,提供一个纯正弦输出信号。根据奈奎斯特采样定理,直接数字频率合成器的最高合成频率为系统时钟频率的 1/2。但若合成频率与系统时钟频率的 1/2 接近,高次谐波成分与有用频率成分之间的频率间隔就会接近,这对低通滤波器的过渡带提出较高要求,陡峭的过渡带增加了滤波器设计难度。因此,直接数字频率合成器的最高输出频率一般小于时钟频率的 40%,以降低滤波器设计难度。

直接数字频率合成器不是基于模拟压控振荡器来合成频率,也没有引入各种源自模拟电路的噪声,其相位噪声性能与系统时钟的相位噪声性能相当,当采用高精度、高稳定度的时钟源时,可达到极低的相位噪声。但直接数字频率合成由数字信号转换到模拟信号,其输出频率中将包含多个由系统时钟频率和输出频率组合的频率成分,使得输出信号杂散度很大,影响了性能。数字频率合成器的杂散来源包括相位累加器的输出相位截断引入的噪声、ROM 中存储的样本值有限的精度引入的量化噪声、模拟电路引入的噪声、数模变换器引入的噪声、滤波器引入的噪声以及系统时钟引入的相位噪声等。

当前随着集成电路技术的发展,出现了单片 DDS 芯片,可以实现高速实时信号的生成,其基本结构可以分为数据存储型 DDS 和相位累加型 DDS。

(1)数据存储型 DDS 芯片,把要产生的信号波形幅度值存储于具有一定位宽的存储器中,当需要输出信号时,则以一定的时钟速率将数据读出后进行数模变换,再经低通滤波器滤除高次谐波后输出所需信号波形。该方法可灵活生成任意波形信号,但波形时间长度受存储容量限制。

(2)相位累加型 DDS 芯片,采用相位累加器和正弦查找表,通过数字控制生成正弦信号、线性调频信号、相位编码信号等多种信号形式,信号时间长度不受限制,是目前 DDS 芯片中的常用类型,但其生成信号类型固定,波形生成不灵活。

将 DDS 与 PLL 联合可以得到性能更好的频率合成器,其典型结构如图 7.19 所示。

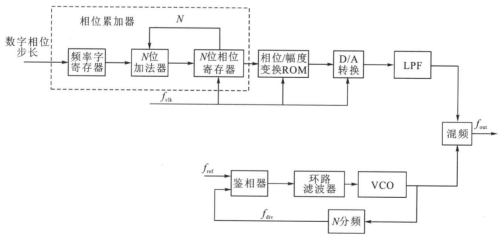

图 7.19　频率合成器典型结构

习　　题

1. 请画出典型锁相环结构图,并说明其工作原理。

2. 对图 7.20 所示的锁相环,请推导其传输函数并进行分析。

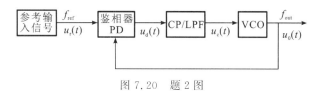

图 7.20　题 2 图

第8章 射频天线简介

天线是一个无线系统不可缺少的组成部分,起着收发电磁波信号的作用。天线理论及工程设计涵盖面较广,本章从天线应用角度对天线相关知识加以简略介绍。

8.1 射频天线形式

改变传输线形式,使在其中传输的电磁波向空间辐射出去,可得到各种天线。下面介绍双线、同轴线、波导及微带线等典型传输线是如何变为天线的。

8.1.1 双线演变为天线

双线是信号频率较低时的传输线系统。将双线末端折成如图 8.1 所示形状,就可以将在双线系统传输的信号辐射至空中,这种天线称为对称振子天线。

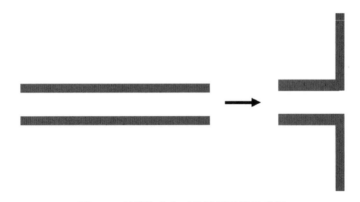

图 8.1 双线演变为对称振子天线示意图

对称振子天线不能将在双线内传输的所有频率的电磁波辐射出去,只有当对称振子长度 l 是波长 λ 一半的奇数倍时,对称振子与传输线所呈现的输入阻抗达到匹配,传输线上的信号才能被天线辐射出去。图 8.2 是天线长度 l 分别是波长的 1/2 和 3/2 时所仿真的匹配情况。仿真中天线的长度 l 为 10cm。

图 8.3 是天线长度分别是波长的 1/2 和 3/2 时天线上的电流分布示意图。图中传输线部分的电流是行波分布,天线部分的电流是纯驻波分布。不同的电流分布对应不同的工作模式,一般情况下,对称振子天线工作在 1/2 波长模式。不同的模式对称振子天线所辐射的

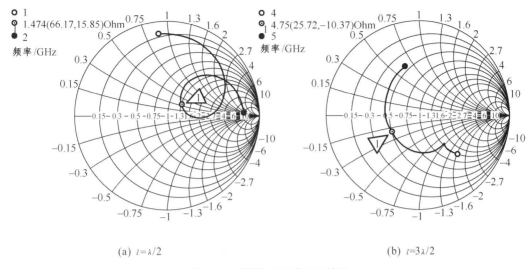

(a) $l = \lambda/2$　　　　　　　　(b) $l = 3\lambda/2$

图 8.2　对称振子天线匹配情况

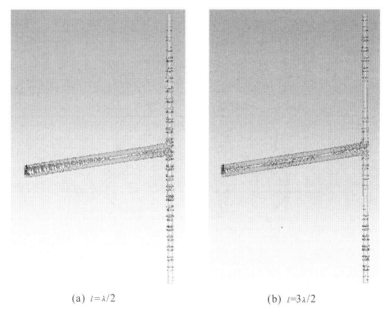

(a) $l = \lambda/2$　　　　　　　　(b) $l = 3\lambda/2$

图 8.3　对称振子天线电流分布示意图

能量在空间的分布特性不同,这种天线辐射能量在空间方向上的分布图称为天线方向图。图 8.4 是天线长度 l 分别是波长的 1/2 和 3/2 时天线辐射能量在空间不同俯仰方向的方向图。

这里要指出的是,对称振子天线的工作频率可以很高,不受双线作为传输线的工作频率范围的约束。下面将要介绍的其他天线的情况也是这样。

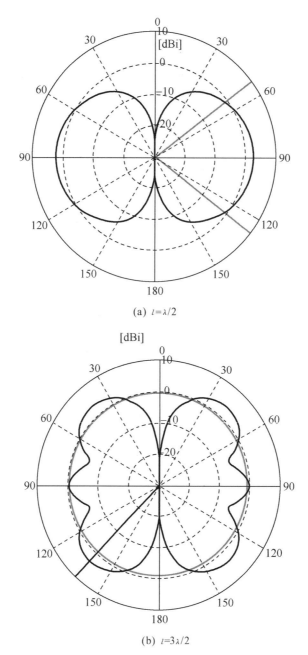

(a) $l=\lambda/2$

(b) $l=3\lambda/2$

图 8.4　对称振子天线方向图示意图

8.1.2　同轴线演变为天线

同轴线的信号频率使用范围为分米波段的高频段至 10cm 波段。如图 8.5 所示,将同轴线末端外包线展平,芯线延长,就得到了单极天线,也称为单鞭天线。当单鞭天线的长度是工作波长的四分之一的奇数倍时,天线能够很好地将能量辐射出去。图 8.6~图 8.8 分别是长度为 5cm 时的单鞭天线匹配情况、天线上电流分布及天线辐射方向图。

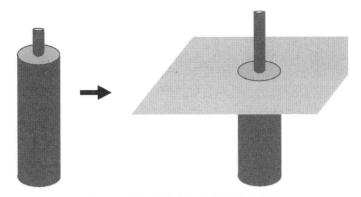

图 8.5　同轴线演变为单极天线示意图

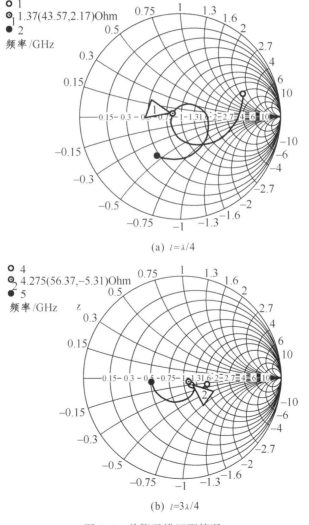

(a) $l = \lambda/4$

(b) $l = 3\lambda/4$

图 8.6　单鞭天线匹配情况

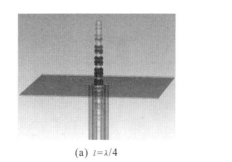 

(a) $l=\lambda/4$　　　　　　　　　(b) $l=3\lambda/2$

图 8.7　单鞭天线电流分布示意图

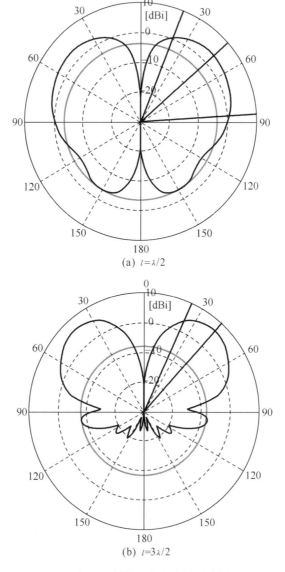

(a) $l=\lambda/2$

(b) $l=3\lambda/2$

图 8.8　单鞭天线方向图示意图

8.1.3　波导演变为天线

将波导开口终端外延成如图 8.9 所示的喇叭形状,就得到了波导喇叭天线。由于作为传输线的波导与作为天线的喇叭之间是一种渐变过渡,所以喇叭天线的匹配带宽可以很宽。图 8.10 是波导宽为 14.4cm,高为 7cm,喇叭深度为 10cm,水平夹角为 20°,俯仰夹角为 30° 时的反射特性曲线。从图中可以看到,该喇叭天线在 1~5GHz 范围内的反射损耗都较低。实际上,上面的对称振子天线和单鞭天线在连接处平缓过渡,也可以在较大的频率范围内实现匹配。

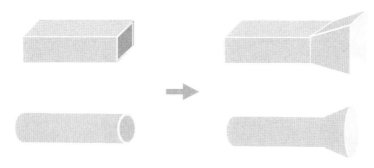

图 8.9　波导演变喇叭天线示意图

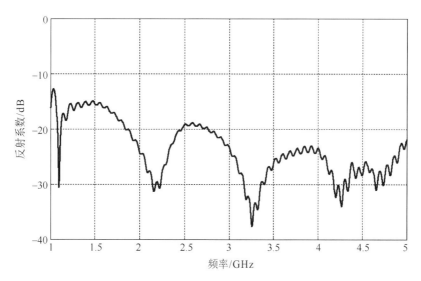

图 8.10　波导喇叭天线反射特性频率曲线图

为了满足一定要求的辐射,喇叭的尺寸需要仔细设计。图 8.11 是上述尺寸的喇叭天线的空间辐射方向图。从图中可以看到,喇叭的正前方辐射最强,随着频率的改变,天线的方向图也会略微变化,频率越高,正前方的辐射越强。

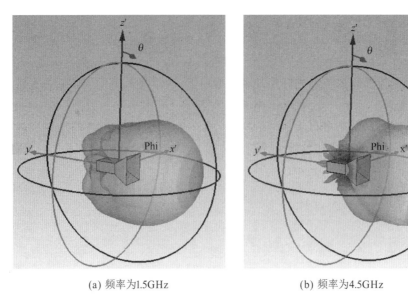

(a) 频率为1.5GHz   (b) 频率为4.5GHz

图 8.11   波导喇叭天线空间方向图

8.1.4 微带线演变为天线

将微带上面的导带末端变为宽度大于导带宽度的矩形形状,就得到了矩形微带天线,如图 8.12 所示。如果矩形换为圆形,则得到圆形微带天线。

图 8.12   微带线演变为微带天线示意图

矩形微带天线所能辐射的电磁波频率与矩形的宽度和长度相关。对于一副尺寸一定的微带天线,其内部电磁场分布不同,工作频率也会不同,天线的辐射方向图也会不同。这种不同的电磁场分布称为工作模式。图 8.13 是微带板材厚度为 1.6mm、相对介电常数为 2.2、导带宽度为 3mm、矩形宽为 70mm、长为 64.5mm 时微带天线内部电场分布和天线辐射方向图。图中所示 3 种电场分布分别对应天线的 TM_{10}、TM_{20}、TM_{30} 这 3 种工作模式,相应中心工作频率分别是 1.5GHz、3.0GHz、4.9GHz;各种模式的空间辐射也由一个主瓣分为了两个和三个主瓣。

通过上述几种典型天线的介绍,可以看到天线将传输线里传输的电磁能量辐射到空间,或者将空间的电磁能量接收送入传输线。在实际工程中,天线与传输线的匹配是非常关键的问题。关于匹配,前面章节已经进行了介绍,这里不再赘述。

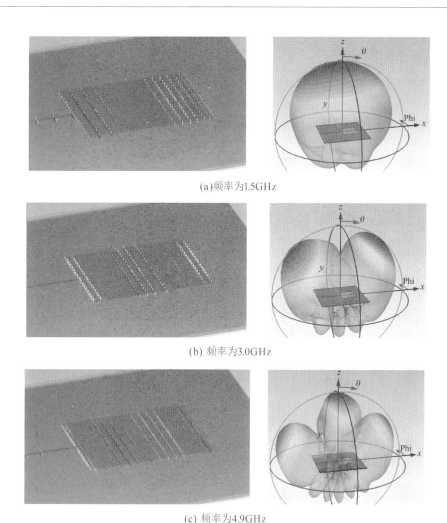

(a)频率为1.5GHz

(b) 频率为3.0GHz

(c) 频率为4.9GHz

图 8.13　微带天线内部电场分布和辐射方向图

8.2　射频天线 Q 值测量

　　天线与传输线(常称为馈线)的连接由于实际工程限制不能做到缓慢过渡,导致天线的工作带宽受到限制。天线工作带宽是天线的重要参数,可以通过计算天线的 Q 值来得到天线的工作带宽。但实际工程发现计算值与测量值相差较大,天线工作带宽可以较简单地由 Smith 圆图测量得到。

　　将天线视为谐振负载,其中心频率为 f_0,固有品质因子为 Q_0,天线与馈线的耦合度为 β,则其归一化输入导纳为

$$\overline{y} = \frac{Y}{Y_0} = \overline{g} + \mathrm{j}\overline{b} = \frac{1}{\beta}\left[1 + \mathrm{j}Q_0\left(\frac{f}{f_0} - \frac{f_0}{f}\right)\right] \tag{8.1}$$

天线的净吸收功率为

$$P(f)=\frac{I^2}{Y_0}\frac{1}{\beta}\frac{1}{1+Q_0^2(f/f_0-f_0/f)^2} \tag{8.2}$$

从式(8.2)看到,天线在中心频率时传输线吸收功率最大,偏离中心频率,功率值变小。若将天线吸收功率降低到最大值一半时的频率视为天线可工作频率的上下限,则

$$Q_0\left(\frac{f}{f_0}-\frac{f_0}{f}\right)=\pm 1 \tag{8.3}$$

从式(8.1)可以得到此时 $\overline{g}=\pm\overline{b}$。在 Smith 圆图上 $\overline{g}=\pm\overline{b}$ 的曲线示意图如图 8.14 所示,就是 Smith 圆图上 $Q=1$ 的等 Q 圆。因此,天线半功率频率点落在 $Q=1$ 的等 Q 圆上。

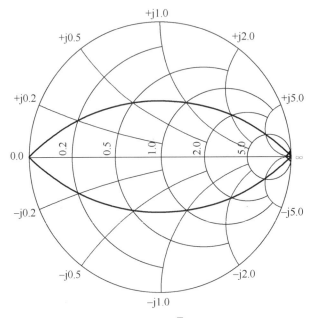

图 8.14　圆图上 $\overline{g}=\pm\overline{b}$ 的曲线示意图

当测得天线在谐振频率附近的输入阻抗轨迹后,轨迹线与 Smith 圆图的纯电阻线交点的频率 f_0 就是天线的中心工作频率,轨迹与上下圆弧的交点频率 f_1 和 f_2 之差就是半功率工作带宽,如图 8.15 所示。只要将天线输入阻抗的测量值显示在圆图上,就可以较简单地得到天线工作带宽,进而得到天线 Q 值。

天线阻抗轨迹往往不像图 8.15 所示具有很好的对称性,一个实际的轨迹图如图 8.16 所示。这种差别是由于馈电结构具有一定的阻抗特性,在需要知道天线 Q 值的场合,应该补偿馈电结构的影响,使轨迹线关于 Smith 圆图纯电阻线对称。

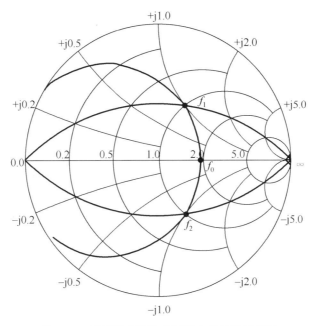

图 8.15　天线输入阻抗在圆图上的轨迹示意图

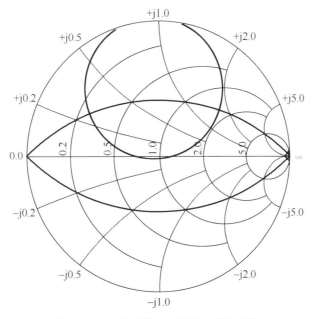

图 8.16　一般天线输入阻抗实际轨迹图

8.3　微带天线圆极化技术

在某些场合,要求天线辐射的是圆极化电磁波,为满足这种要求,天线的相关结构设计需要改变。对于对称振子天线和单鞭天线,将原来的直线结构改变为如图 8.17 和图 8.18 所示的螺旋结构,所辐射的就是圆极化电磁波。

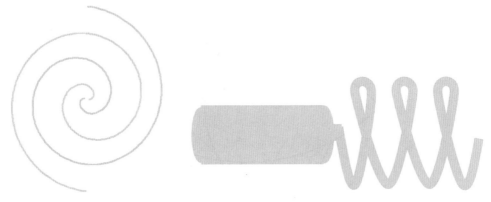

图 8.17 对称螺旋圆极化天线　　　　　　图 8.18 单螺旋圆极化天线

微带天线由于易加工,尤其是其与系统的共面性好,在射频微波系统中得到广泛应用。圆极化微带天线可以采用图 8.19 的形式。图中天线形状是正方形,采用两路馈线同时馈电,激发两个幅度相等、极化垂直的正交模式;馈线长度相差 $\lambda/4$,保证两路信号的相位差正好是 $90°$,从而保证天线辐射的是圆极化波。实际上,这种实现圆极化的技术适用于其他天线形式。

两路馈线天线的馈电复杂,馈电面积较大。单馈电圆极化技术可以较好地解决这些问题。单馈电时,将方形贴片对角切去一部分,如图 8.20 所示,贴片内部就会产生正交模式;贴片所切部分面积大小恰当时,两正交模式的相位正好相差 $90°$,从而实现圆极化辐射。图 8.21 是两个正交模式在切角贴片内部的电场分布仿真图,图中 ⊡ 部分是背面馈电点,天线辐射的为左旋圆极化波。

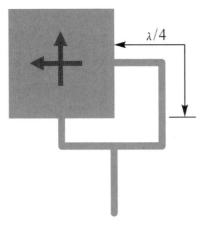

图 8.19 双路馈电圆极化天线示意图　　　　图 8.20 单馈电圆极化微带天线

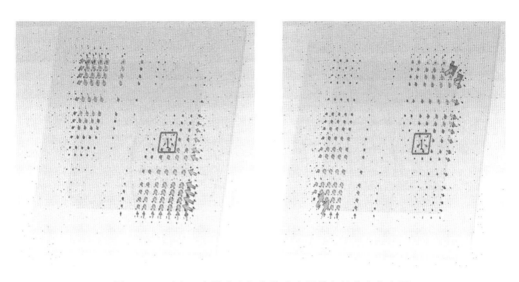

图 8.21　两个正交模式在切角贴片内部的电场分布仿真图

已证明若切去贴片面积,则

$$\Delta S = S/Q \tag{8.4}$$

式中:S 为未切贴片的总面积;Q 为天线品质因子。

　　未切天线的测试输入阻抗在圆图上的轨迹如图 8.22(a)所示,由上述方法可求出 $Q=$ 59.1。图 8.22(b)是已切天线的输入阻抗,可看出天线有两个工作模式。

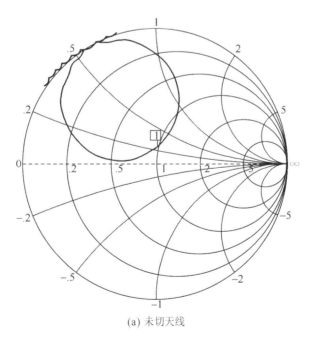

(a) 未切天线

图 8.22　天线输入阻抗图

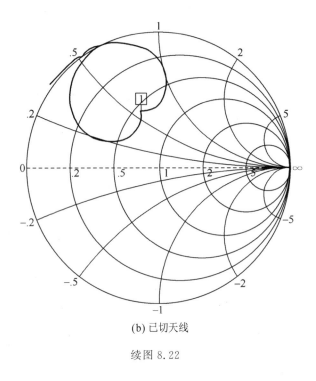

(b) 已切天线

续图 8.22

习　　题

1.简述天线的工作原理及天线的类型。

2.解释天线增益的物理意义。

第9章 无线系统概论

在无线系统中,射频微波发射机是重要的子系统。无论语音、图像还是数据信号,如果要利用电磁波传送到远端,则必须使用发射机产生射频微波载波,将信号调制至射频微波段后放大送到天线。发射机的特性与使用场合有关:在远距离系统中,大功率、低噪声是首要指标;在空间和电池供电系统中,必须效率高;在通信系统中,要求低噪声和高稳定性。

接收机是信号的还原过程,要求灵敏度高、失真小,能够重现异地发射机传来的信号特性。通信距离与发射机和接收机都有关系。

现代无线系统中,发射机通常与接收机组合成收发机,或称 T/R 组件。在收发机中,为了使用一个天线,必须采用双工器将发射信号与接收信号分离,防止发射信号直接进入接收机,使其烧毁。双工器可以是开关、环行器或滤波器的组合。

9.1 射频发射机

9.1.1 发射机基本参数

发射机基本参数包括频率或频率范围、功率、电源效率、噪声、谐波和杂波抑制等。

频率或频率范围考察微波振荡器的频率及其相关指标、频率或频段指标、温度频率稳定度、时间频率稳定性、频率负载牵引变化、压控调谐范围等,相关单位是 MHz,GHz,ppm,MHz/V 等。

功率指标有最大输出功率、频带功率波动范围、功率可调范围、功率的时间和温度稳定性等,相关单位是 mW,dBm,W,dBw 等。

电源效率是供电电源到输出功率的转换效率,对于电池供电系统尤为重要。

噪声包括调幅、调频和调相噪声等,不必要的调制噪声会影响系统的通信质量。

谐波是工作频率的高次谐波输出,通常对二次、三次谐波抑制提出要求,基波与谐波的功率比为谐波抑制,两个功率 dBm 的差为 dBc。

杂波抑制是除基波和谐波外的任何信号与基波信号的大小比较。杂波就是本底噪声,频率合成器的杂波除本底噪声外,还可能是参考频率及其谐波。

射频发射机较重要的参数还有载波频率容差、调制方式等。

9.1.2 发射机基本结构

待发射的低频信号(模拟、数字、图像等)与射频微波信号的调制方式一般有下面两种方案。

（1）待发射信号直接调制射频微波信号。一般的雷达系统就是采用此方案,用脉冲调制射频信号的幅度,即幅度键控。调制后的信号经功放、滤波后输出到天线。

（2）先将待发射的低频信号调制到中频(如 70MHz)上,再与发射本振(微波/射频)混频得到发射机输出频率,该信号经功放、滤波后输出到天线。在通信系统中常用此方案。

方案(2)的典型射频发射机示意图如图 9.1 所示,可分成中频放大器、中频滤波器、上变频混频器、射频滤波器、射频放大器、载波振荡器、发射天线等几个主要部分。

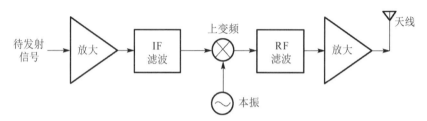

图 9.1　方案(2)的典型射频发射机示意图

9.2　射频接收机

9.2.1　接收机基本结构

与发射机方案对应,典型的接收机方案也有两种:直接下变频方案和外差式方案。直接下变频方案是将接收信号与本振信号进行混频,直接得到所需低频信号。外差式方案将接收信号与本振信号进行混频得到中频信号,再从中频信号中解调所需低频信号。与图 9.1 所示发射机对应的接收机示意图如图 9.2 所示。

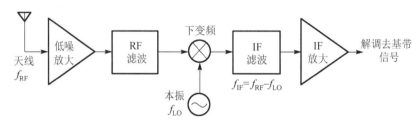

图 9.2　典型射频接收机示意图

9.2.2　接收机灵敏度及选择性

接收机基本参数中除了与发射机相同的频率、功率、电源效率等,还有灵敏度及选择性这两个十分重要的参数。

1. 接收机灵敏度

接收灵敏度描述接收机对小信号的反应能力。对于模拟接收机,满足一定信噪比时的输入信号功率值;对于数字接收机,满足一定误码率时的输入功率大小。灵敏度的定义为

$$S = \sqrt{F_{\mathrm{T}} \cdot k \cdot T \cdot B_{\mathrm{w}} \cdot \mathrm{SNR}_{\mathrm{d}} Z_{\mathrm{s}}} \tag{9.1}$$

式中,S 为接收机灵敏度;$K = 1.38 \times 10^{-23}(\mathrm{J/K})$,是玻尔兹曼常数;$T$ 为热力学温度;B_{w} 是系统的等效噪声频宽;$\mathrm{SNR}_{\mathrm{d}}$ 为系统要求的信噪比;Z_{s} 为系统阻抗;F_{T} 为总等效输入噪声系数,即

$$F_{\mathrm{T}} = F_{\mathrm{in1}} + F_{\mathrm{in2}} + F_{\mathrm{in3}} \tag{9.2}$$

式中,F_{in1} 为接收各级的噪声系数;F_{in2} 为镜频噪声;F_{in3} 为宽带的本振调幅噪声。各部分的求解公式为

$$F_{\mathrm{in1}} = 1 + \sum_{i=1}^{n} \frac{F_i - 1}{\prod\limits_{j=0} G_j} = F_1 + \frac{F_2 - 1}{G_1} + \frac{F_3 - 1}{G_1 G_2} + \cdots \tag{9.3}$$

式中,F_i 为第 i 级的噪声系数;G_j 为第 j 级的增益;N 为不包含混频器的接收机总级数。

$$F_{\mathrm{in2}} = \frac{\prod\limits_{i=1}^{N} G'_i}{\prod\limits_{i=1}^{N} G_i} \left[1 + \sum_{i=1}^{N} \frac{(F'_i - 1)}{\prod\limits_{j=0}^{i-1} G'_j} \right] \tag{9.4}$$

式中,F'_i 为镜像频率下的单级噪声系数;G'_i 为镜像下的单级增益,$G'_0 = 1$;N 为接收机不包含混频器的总级数。

$$F_{\mathrm{in3}} = \sum_{\mathrm{sb}=1}^{M} \frac{10^{(P_{\mathrm{LO}} + \mathrm{WN}_{\mathrm{sb}} - l_{\mathrm{sb}} - \mathrm{MNB}_{\mathrm{sb}})/10}}{1000 \cdot k \cdot T_o \cdot \prod\limits_{i=1}^{N} G_j} \tag{9.5}$$

式中,M 为边带频率的总个数;P_{LO} 为本振输出功率,单位为 dBm;$\mathrm{WN}_{\mathrm{sb}}$ 为边带频率上的相位噪声,单位为 dBc/Hz;L_{sb} 为带通滤波器边带频率上的 dB 衰减值;$\mathrm{MNB}_{\mathrm{sb}}$ 为边带频率上的混频噪声;T_o 为室温 290K;N_{T} 为从接收端至混频器的总级数。

2. 接收机灵敏度计算示例

接收机的各级增益及噪声系数列于表 9.1。

表 9.1　接收机的各级增益及噪声系数

单级编号 N	单级名称	单级增益 G_n/dB		单级噪声系数 NF_n/dB		单级噪声系数 F_n/比值	
1	RF-BPF1	G_1	−2.5	NF_1	2.5	F_1	1.778
2	RF AMP	G_2	12	NF_2	3.5	F_2	2.239

单级编号 N	单级名称	单级增益 G_n/dB		单级噪声系数 NF_n/dB		单级噪声系数 F_n/比值	
3	RF-BPF2	G_3	-2	NF_3	2.0	F_3	1.585
4	MIXER	G_4	-8	NF_4	8.3	F_4	6.761
5	IF BPF	G_5	-1.5	NF_5	1.5	F_5	1.413
6	IF AMP	G_6	20	NF_6	4.0	F_6	2.512
7	BPU			NF_7	15	F_7	31.623

而其他指标特性如下。

RF-BPF2 镜像衰减量= 10dB

等效噪声频宽 $B_\mathrm{W}=12\mathrm{kHz}$

LO 输出功率 $P_\mathrm{LO}=23.5\ \mathrm{dBm}$

LO 单边带相位噪声 $\mathrm{WN}_\mathrm{sb}=-165\ \mathrm{dBc/Hz}$

带通滤波器响应参数   0.0   dB @ $f_\mathrm{LO}\pm f_\mathrm{IF}$

   10.0dB @ $2f_\mathrm{LO}\pm f_\mathrm{IF}$

   20.0dB @ $3f_\mathrm{LO}\pm f_\mathrm{IF}$

混频噪声均衡比   30.0dB @ $f_\mathrm{LO}\pm f_\mathrm{IF}$

   25.0dB @ $2f_\mathrm{LO}\pm f_\mathrm{IF}$

   20.0dB @ $3f_\mathrm{LO}\pm f_\mathrm{IF}$

系统所要求的信噪比 $\mathrm{SNR}_\mathrm{d}=6\mathrm{dB}(3.981)$

(1)求 F_{in1}。

由上述公式可计算出如表 9.2 所示的结果。

表 9.2　接收机的各级总增益及噪声贡献

单级名称	前级总增益/dB $G_{\mathrm{T}n}\sum_{i=1}^{n-1}G_i$	前级总增益(linear) $G_\mathrm{T}=10\cdot\lg\left(\dfrac{G_{\mathrm{T}n}}{10}\right)$	各级噪声贡献(linear) $\dfrac{F_n-1}{G_\mathrm{T}}$
RF-BPF1	0.0	1	0.778
RF AMP	-2.5	0.562	2.204
RF-BPF2	9.5	8.913	0.066
MIXER	7.5	5.623	1.025
IF BPF	-0.5	0.891	0.464
IF AMP	-2.0	0.631	2.396

单级名称	前级总增益/dB $G_{Tn} \sum\limits_{i=1}^{n-1} G_i$	前级总增益(linear) $G_T = 10 \cdot \lg\left(\dfrac{G_{Tn}}{10}\right)$	各级噪声贡献(linear) $\dfrac{F_n - 1}{G_T}$
BPU	18	63.096	0.485

故可得

$$F_{in1} = 1 + 0.778 + 2.204 + 0.066 + 1.025 + 0.464 + 2.396 + 0.485 = 8.418$$

(2)求 F_{in2}。

接收机的各级镜频参数列入表 9.3。

表 9.3　接收机的各级镜频参数

单级编号 N	单级名称	单级镜频增益 G_n/dB		单级镜频增益 G_n(linear)	单级镜频指数 NF_n/dB	单级噪声因子 F_n(linear)		前级镜频总增益 /dB	前级镜频总增益 (linear)	各级镜频贡献 (linear)
1	RF-BPF1	G_1	−2.5	0.562	NF_1 2.5	$F1$	1.778	0.0	1	0.778
2	RF AMP	G_2	12	15.849	NF_2 3.5	F_2	2.239	−2.5	0.562	2.204
3	RF-BPF2	G_3	−10	0.1	NF_3 0.0	F_3	1.0	9.5	8.913	0.0

$$F_{in3} = \frac{10^{(-10/10)}}{10^{(-2/10)}} \cdot (1 + 0.778 + 2.204 + 0.0) = 0.63$$

(3)求 F_{in3}。

接收机宽带的本振调幅噪声如表 9.4 所示。

表 9.4　接收机宽带的本振调幅噪声

频率	$f_{LO} + f_{IF}$	$f_{LO} - f_{IF}$	$2f_{LO} + f_{IF}$	$2f_{LO} - f_{IF}$	$3f_{LO} + f_{IF}$	$3f_{LO} - f_{IF}$
L_{sb}/dB	0	0	10	10	20	20
MNB_{sb}/dB	30	30	25	25	20	20
噪声 $\dfrac{10^{(P_{LO} + WN_{sb} - L_{sb} - MNB_{sb})/10}}{1000 \cdot k \cdot T_o \cdot \prod\limits_{j=1}^{N_T} G_j}$	1.984	19.84	0.628	0.628	0.198	0.198

其中,计算到混频器的总增益为 $\prod\limits_{j=1}^{N_T} G_j = 10^{(-2.5+12-2-8)/10} = 0.891$,$WN_{sb} = -165dBc/Hz$,$T_o = 290K$,$k = 1.38 \times 10^{-23}(Joul/°K)$。

可得

$$F_{in3} = 1.984 + 1.984 + 0.628 + 0.628 + 0.198 + 0.198 = 5.62$$

（4）求 F_T。

$$F_T = F_{in1} + F_{in2} + F_{in3} = 8.418 + 0.63 + 5.62 = 14.668$$

（5）求接收灵敏度。

$$S = \sqrt{14.668 \cdot 1.38 \cdot 10^{-23} \cdot 290 \cdot 12000 \cdot 3.981 \cdot 50} = 0.37\mu V$$

3. 接收选择性

接收选择性也称为邻信道选择度 ACS，是用来量化接收机对相邻信道的抑制能力。无线通信日益增长，导致频谱拥挤，波段趋向窄波道，更显示了接收选择性在射频接收器设计中的重要性。接收选择度 ACS 定义为

$$ACS = -CR - 10 \cdot \lg[10^{(-IFS/10)} + 10^{(-S_p/10)} + B_w \cdot 10^{(PN_{SSB}/10)}] \tag{9.6}$$

式中，CR 为同信道抑制率，单位为 dB；IFS 为中频滤波器在邻信道频带上的抑制衰减量，单位为 dB；S_p 为本地振荡信号与出现在频率为 $(f_{LO} + \Delta)$ 的邻信道噪声的功率比，单位为 dBc，Δ 为与邻信道频率差值；B_w 为中频噪声频宽，单位为 Hz；PN_{SSB} 是本地振荡信号在频偏 Δ 处的相位噪声，单位为 dBc/Hz。如图 9.3 所示。

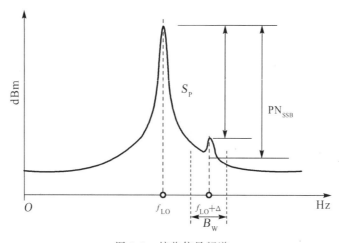

图 9.3 接收信号频谱

9.2.3 接收机方案比较

外差式方案和直接下变频方案各有优缺点。

外差式方案有几个优点。①总增益目标容易实现。方案中有射频、中频及基带三个频段，将总增益分散至三个频段上可以避免单一频段增益过高。②信道选择易实现。方案中，RF 滤波器实现频带选择，IF 滤波器实现信道选择。③与射频相比，在中频上 A/D 变换或解调容易。

外差式方案最主要的缺点是存在镜像干扰。由于混频器的非线性，有用信号 f_{RF} 及干

扰信号 f_1 和本振信号 f_{LO} 通过非线性的某一高阶失真项产生组合频率 $mf_{LO} \pm nf_{RF} \pm pf_1$。若它们落在中频频带内或附近,则会形成干扰,这类干扰称为寄生通道干扰。其中镜像干扰最为严重,其频率与本振相差也为中频,但在本振另一侧。若 RF 滤波器的选择性好,则可以减弱镜像干扰。实际应用 RF 滤波器的选择性能有限,这时为提高灵敏度,就必须提高中频频率。这样衍生出此方案的又一个缺点:灵敏度与选择性是一对矛盾。在 IF 滤波器性能不变的条件下,高中频情况下的选择性肯定劣于低中频情况下的选择性。

针对外差式方案的缺点,提出了两个改进方案。

(1)二次中频方案,其示意图如图 9.4 所示。

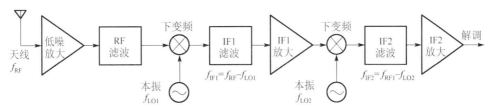

图 9.4　二次中频外差式接收机示意图

本方案中 IF1 频率较高,使得有用信号与其镜像相距较远,RF 滤波器可以很好地抑制镜像频率。当 IF2 较低时,第二中频滤波器很容易完成信道选择,从而解决灵敏度与选择性的矛盾。其代价是增加了器件。

(2)镜频抑制方案,其示意图如图 9.5 所示。从图 9.5 可看出,接收信号在混频前分为上下两路,上路与经 90°移相的本振混频,中频滤波后经 90°移相与下路混频中频滤波后的信号相加,得到所需中频。

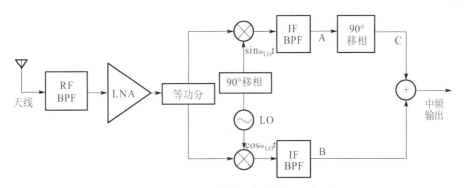

图 9.5　镜频抑制外差式接收机示意图

设射频输入信号为 $v_{RF} = 2V_{RF} \cos \omega_{RF} t$,镜像干扰输入信号为 $v_{im} = 2V_{im} \cos \omega_{im} t$,则与正交本振信号相乘并滤除和频后在图 8.5 中 AB 处的信号分别为

$$v_A = V_{RF} \sin(\omega_{LO} - \omega_{RF})t + V_{im} \sin(\omega_{LO} - \omega_{im})t \tag{9.7}$$

$$v_B = V_{RF} \cos(\omega_{LO} - \omega_{RF})t + V_{im} \cos(\omega_{LO} - \omega_{im})t \tag{9.8}$$

若 $\omega_{LO} - \omega_{RF} < 0$,$\omega_{LO} - \omega_{im} > 0$,则 v_A 移相 90°后为

$$v_C = V_{RF} \cos(\omega_{LO} - \omega_{RF})t - V_{im} \cos(\omega_{LO} - \omega_{im})t \tag{9.9}$$

v_B 和 v_C 相加后的输出为

$$v_{IF} = 2V_{RF}\cos(\omega_{LO} - \omega_{RF})t \tag{9.10}$$

可以看到,中频输出没有了镜像信号,镜像干扰得到抑制。

本方案在实际工程中要完全抑制镜像的关键有两点:一是两支路特性要完全一致;二是90°移相要精准。

直接下变频方案接收机示意图如图9.6所示。接收信号预处理后分为两路,一路与正交本振信号混频滤波后得到基带IQ信号,限幅放大后去解调。

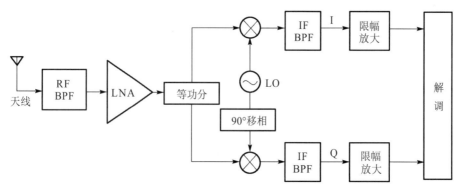

图9.6 直接下变频方案接收机示意图

相比于外差式方案,直接下变频方案有下面几个优点:①不存在镜像干扰。因为本振与载波频率相等,此时中频为零,此方案也称零中频方案。②集成性好。下变频后是基带信号,信道选择及放大电路很容易集成。

直接下变频方案的缺点如下。①本振泄漏干扰邻道信号。由于本振信号与载波频率相同,寄生的本振信号从接收机泄漏至天线,从而对另外的同频带的接收机带来干扰。②直流干扰是本方案特有的一种干扰。若本振泄漏信号又从天线进入,则混频后产生直流。进入系统的强干扰信号漏入本振后又与自身混频产生直流。如果直流偏置不消除,则会对接收机的性能带来严重的影响。因为经LNA放大后的偏置电压要比放大后的信号电压大很多,此时再通过余下的放大电路,这样放大的偏置电压会使后级电路饱和,使放大器无法正常工作。③1/f噪声干扰集中于低端,降低基带信号的信噪比。

为了克服直接下变频方案的上述缺点,提出了近零中频方案(NZIF),或者采用使频谱密度更远离零频的基带调制方式。

9.3 无线系统概算

根据给定的技术指标,确定一个无线系统的各部分指标是系统设计最重要的一步。无线通信系统及雷达系统是两个最典型的无线电子系统。下面介绍它们在系统设计部分所涉及的内容。

9.3.1 通信系统

无线通信系统深入社会各个方面,给人们的生活和工作带来了方便。射频微波通信包括散射通信、卫星通信、移动通信、无线网络等。

一般的无线通信系统如图 9.7 所示。若发射功率为 P_t，则收发天线增益分别为 G_r 和 G_t，工作波长为 λ_0，收发相距 R 时接收功率为

$$P_r = \frac{P_t G_t}{4\pi R^2} \frac{G_r \lambda_0^2}{4\pi} = \frac{P_t G_t G_r \lambda_0^2}{(4\pi R)^2} \tag{9.11}$$

这就是 FRIIS 功率传输方程，接收功率与两个天线的增益成正比，与距离的平方成反比。如果接收功率等于接收灵敏度，即 $P_r = S_{i,\min}$，则最大通信距离为

$$R_{\max} = \left[\frac{P_t G_t G_r \lambda_0^2}{(4\pi)^2 S_{i,\min}} \right]^{1/2} \tag{9.12}$$

图 9.7　发射机与接收机示意图

考虑系统损耗 L_{sys}，则式（9.11）表示为

$$P_r = P_t \frac{G_t G_r \lambda_0^2}{(4\pi R)^2} \frac{1}{L_{\mathrm{sys}}} \tag{9.13}$$

若整个接收通道的噪声系数为 F，解调要求的最低信噪比为 $(S_0/N_0)_{\min}$，则最小可检测功率 $S_{i,\min}$ 可表示为

$$S_{i,\min} = kTBF(S_0/N_0)_{\min} \tag{9.14}$$

最大通信距离可表示为

$$R_{\max} = \left[\frac{P_t G_t G_r \lambda_0^2}{(4\pi)^2 kTBF(S_0/N_0)_{\min} L_{\mathrm{sys}}} \right]^{1/2} \tag{9.15}$$

例 9.1　通信系统工作频率为 10GHz，其发射机的输出功率为 100W，发射和接收天线增益分别为 36dB 和 30dB，系统损耗为 10dB，求 40km 处的接收功率。

解　利用式（9.13）进行计算，即

$$P_r = P_t \frac{G_t G_r \lambda_0^2}{(4\pi R)^2} \frac{1}{L_{\mathrm{sys}}} = 0.1425 \mu\mathrm{W}$$

在许多场合，特别是在微波段，往往用自由空间基本传输损耗来表示一定频率的电波在空间直线传播的功率损耗情况。令式（9.7）中天线的增益为 1，则自由空间基本传输损耗为

$$L_{\mathrm{bf}} = \frac{P_t}{P_r} = \left(\frac{4\pi R}{\lambda_0} \right)^2 \tag{9.16}$$

若以分贝（单位为 dB）表示，则

$$L_{\mathrm{bf}} = 10 \cdot \lg \frac{P_t}{P_r} = 20 \cdot \lg \left(\frac{4\pi R}{\lambda_0} \right) (\mathrm{dB}) \tag{9.17a}$$

或者

$$L_{\mathrm{bf}} = 32.4 + 20\lg f(\mathrm{MHz}) + 20\lg R(\mathrm{km}) (\mathrm{dB}) \tag{9.17b}$$

由式(9.17b)可计算出 4GHz 信号在 35860km 处的自由空间基本传输损耗为 $L_{bf}=196$dB。在实际工程中,计算接收功率时常用式(9.13)的分贝形式,即

$$P_r = P_t + G_t + G_r - L_{bf} - L_{sys} \tag{9.18}$$

例 9.2 一个卫星与地面站通信系统如图 9.8 所示,假定工作频率为 14.2GHz,地面站发射功率为 1250W,卫星与地面的距离为 37134km,星载接收机噪声系数为 6.59dB,波道带宽为 27MHz。试计算星载接收机输出信噪比。

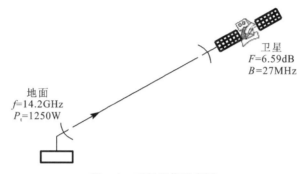

图 9.8 卫星通信示意图

解 由式(9.17)得 $L_{bf}=207.22$dB。

下面用式(9.18)计算卫星接收功率,将各部分贡献罗列如下。

地面发射功率	30.97dBW(1250W)
地面天线增益	54.53dB
星载天线增益	37.68dB
空间损耗	207.22dB
地面天馈损耗	2dB
星载天馈损耗	0dB
地面天线方向误差	0.26dB
大气损耗	2.23dB
极化损耗	0.25dB
地面天线方向误差	0.31dB
其他损耗余量	3dB

系统损耗 L_{sys}（涵盖地面天馈损耗 2dB、星载天馈损耗 0dB、地面天线方向误差 0.26dB、大气损耗 2.23dB、极化损耗 0.25dB、地面天线方向误差 0.31dB、其他损耗余量 3dB）

则卫星接收功率为 -92.09dBW(-62.09dBm)。

得到星载接收机输出的信噪比为

$$\frac{S_o}{N_o}(\text{dB}) = 10 \cdot \lg \frac{P_r}{kTBF} = -92.09\text{dBW} - (-123.1\text{dBW}) = 31.01\text{dB}$$

数字通信系统的容量是在系统设计时需要仔细考虑的指标,工作带宽、编码方式、信号功率及通信距离等因素都对其有影响。用 r_b、W 及 η 分别表示数据率(即通信容量)、工作带宽及谱效率,系统在一定数据率下正常工作所要求的工作带宽为

$$W \geqslant r_b / \eta \tag{9.19}$$

编码方式不同,谱效率 η 就会不同。给定工作带宽,采取不同编码方式提高谱效率 η 能

够提高数据率 r_b。经过处理的 BPSK 信号的谱效率为 0.5bit/s,若不考虑满足误码率(BER)要求的码元能噪比的影响,则相应的 QPSK 为 1.0bit/s,故 QPSK 编码方式比 BPSK 的数据率高一倍。

若系统的信噪比为 S/N,则满足 BER 要求的码元能噪比为 E_b/N,可得系统数据率为

$$r_b = (S/N)/(E_b/N) \tag{9.20}$$

式(9.20)说明:信号功率越大,数据率 r_b 越高;通信距离越大,数据率 r_b 越低。在进行系统设计时,功率及带宽要同时达到要求,通信容量才能满足设计指标。

例 9.3　数字通信系统工作频率为 L 波段的 1.2GHz,相对工作带宽按 10% 计算。发射信号功率为 10W。接收机通道噪声系数为 4dB,与发射机相距 25km,按谱效率 0.5bit/s,满足误码率要求的信噪比为 10.6dB 计算,求数据传输速率。

解　按工作带宽计算,最高数据率为

$$r_b = \eta W = 60\text{Mbit/s}$$

按功率计算,先得到接收机信噪比:

发射功率	10dBW
传播损耗	122dB
热噪声	-204dBW/Hz(290K)
噪声系数	4dB
接收信噪比	88dB Hz

再得到最高数据率

$$r_b = S/N - E_b/N \text{(dB)} = 77.4\text{dB bit/s} \approx 55\text{Mbit/s}$$

综合两者,系统最高数据率为 55Mbit/s,还可以看到该系统数据率是功率限制,加大发射信号功率至 10.4dBW 可以提高数据率至 60Mbit/s。这之后若继续增加功率,则不能提高数据率,因为此时系统数据率受带宽限制。若要求更高的数据率,则必须增加带宽,或者采用更高效率的编码方式。

9.3.2　雷达系统

雷达是无线电探测与测距装置。其基本原理是发射电磁波,检测由目标反射回来的回波信号,从而判断目标的位置及运动特征。

雷达由发射机、接收机和天线构成,其示意图如图 9.9 所示。若发射功率为 P_t,天线增益为 $G = G_t = G_r$,目标散射截面为 σ,工作波长为 λ_0,目标距离为 R,则回波功率 P_r 为

$$P_r = \frac{P_t G_t}{4\pi R^2} \frac{\sigma}{4\pi R^2} \frac{G_r \lambda_0^2}{4\pi} = \frac{P_t G^2 \sigma \lambda_0^2}{(4\pi)^3 R^4} \tag{9.21}$$

这就是雷达方程,它给出了目标距离与雷达发射功率、天线性能和目标特性之间的关系。

如果给定雷达系统的最小可检测功率 $S_{i,\min}$,则可得到雷达的最大作用距离为

$$R = R_{\max} = \left[\frac{P_t G^2 \sigma \lambda_0^2}{(4\pi)^3 S_{i,\min}} \right]^{1/4} \tag{9.22}$$

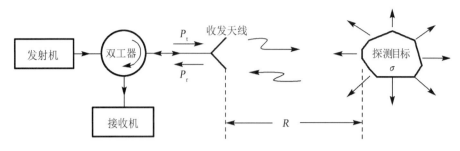

图 9.9　雷达基本原理图

给定接收机噪声系数 F 及雷达正常工作所要求的最小信噪比 $(S_o/N_o)\min$,可得到最大作用距离与系统诸参数的关系为

$$R_{\max} = \left[\frac{P_t G^2 \sigma \lambda_0^2}{(4\pi)^3 kTBF(S_o/N_o)_{\min}} \right]^{1/4} \tag{9.23}$$

实际的雷达系统还应考虑极化失配、天线偏焦、空气损耗等系统损耗 L_{sys},此时作用距离还要减小,即

$$R_{\max} = \left[\frac{P_t G^2 \sigma \lambda_0^2}{(4\pi)^3 kTBF(S_o/N_o)_{\min} L_{sys}} \right]^{1/4} \tag{9.24}$$

从式(9.24)可以看出,回波功率随距离按 4 次方变化,目标越近,回波功率急剧增大。回波功率还与天线增益、系统损耗和目标散射截面有关。

例 9.4　已知 35GHz 脉冲雷达指标如下:目标散射截面 44.5mm², $P_t = 2000$kW, $T = 290$K, $G = 66$dB, $(S_o/N_o)_{\min} = 10$dB, $B = 250$MHz, $L_{sys} = 10$dB, $F = 5$dB。计算最大作用距离。

解　将已知条件换算为雷达方程所用形式: $P_t = 2 \times 10^6$W, $T = 290$K, $G = 66$dB $= 3.98 \times 10^6$, $(S_o/N_o)_{\min} = 10$dB $= 10$, $B = 2.5 \times 10^8$Hz, $L_{sys} = 10$dB $= 10$, $F = 5$dB $= 3.16$, $\sigma = 4.45 \times 10^{-5}$ m², $k = 1.38 \times 10^{-23}$J/K,代入式(9.24),可算得 $R_{\max} = 35.8$km。

习　题

1. 设计一个无线数字通信系统,要求其通信距离为 2km,数据率为 100Mbps。编码方式自选(编码不同,谱效率及码元能噪比不同),收发天线增益均为 1,若假定系统工作带宽为中心频率的 10%,针对频率 800MHz 和 2.4GHz,给出系统正常工作的最小功率。

2. 已知脉冲雷达的工作频率为 35GHz,天线增益为 66dB,发射功率为 2000kW,接收通道的噪声系数为 5dB,通道带宽为 250MHz,正常工作所要求的信噪比为 10dB,计算针对直径 10cm 的目标的最大作用距离。

3. 已知通信系统的工作频率为 2.3GHz,信道带宽为 20MHz,发射天线增益及接收天线增益均为 15dB,接收机整机噪声系数为 6dB,接收机正常工作的信噪比为 12dB。若发射机功率管的输出三阶交调截点 OIP3(不考虑功放前面电路对总三阶交调截点的影响)为 40dBm,功率容量 $P_{out,1dB}$ 为 31dBm,求 27℃时系统的最大通信距离。

4. 在 ADS 仿真平台上搭建一个超外差式接收机系统,仿真系统的频谱特性及非线性特性。输入信号 1、信号 2 和本振信号的谐波次数都取 3。本振信号中心频率为 9.xxx。

5. 已知某射频接收机简化前端结构如图 9.10 所示,各器件增益 $G(\text{dB})$、噪声系数 NF (dB)、输出三阶交调截点 OIP3 如表 9.5 所示。射频滤波器 BPF 13/2 带宽为 $B_{\text{RF}} = 2\text{MHz}$,中频滤波器 BPF 21.4 带宽为 $B_{\text{IF}} = 20\text{kHz}$,假设输入端室温($T_0 = 290\text{K}$)工作,系统要求最低信噪比 $\text{SNR}_{\text{min}} = 10\text{dB}$ 才能满足后续信号处理需求。计算下列射频系统指标:

(1)接收机最小可检测信号 $P_{\text{MDS}}(\text{dBm})$ 及灵敏度 $P_{\text{MIN}}(\text{dBm})$;

(2)接收机最大无杂散动态范围(SFDR);

(3)图 9.11 所示为该接收机三阶交调点测试示意图,假设接收机输入为两个等功率的相邻频率信号,功率为 $P_{\text{in},f} = -30\text{dBm}$,结合前述已估算的接收机指标,估算接收机输出信号的功率:输出噪声基底,基频输出 $P_{\text{out},f}$,三阶交调输出 $P_{\text{out},2f-f}$,无杂散动态范围 SFDR。

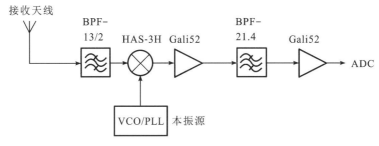

图 9.10　射频接收机简化前端结构

表 9.5　射频接收机主要器件指标

型号 参数	BPF 13/2	HAS-3H	GALI52	BPF 21.4/0.02
增益 G (dB)	−2	−5.5	22.9	−9
噪声系数 NF(dB)	2	6	2.7	9
输出三阶截点 OTOI (dBm)	40	18.5	35	40

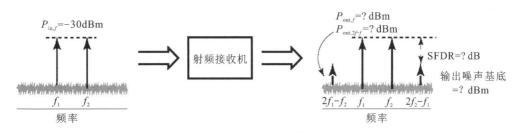

图 9.11　接收机三阶交调点测试

参 考 文 献

[1] Reinhold Ludwig,Pavel Bretchko. 射频电路设计——理论与应用[M]. 王子宇,张肇仪,徐承和,等,译. 北京:电子工业出版社,2005.

[2] 李晓蓉,陈章友,吴正娴. 微波技术[M]. 北京:科学出版社,2005.

[3] 清华大学《微带电路》编写组. 微带电路[M]. 北京:清华大学出版社,2017.

[4] 朱建清. 电磁波工程[M]. 长沙:国防科技大学出版社,2005.

[5] Phillip E. Allen,Douglas R. Holberg. CMOS 模拟集成电路设计[M]. 2 版. 冯军,李智群,译. 北京:电子工业出版社,2011.

[6] 陈振国. 微波技术基础与应用[M]. 北京:北京邮电大学出版社,2002.